見る
みる

JN017522

食品安全・
FSSC 22000

イラストとワークブック
で要点を理解

深田　博史　共著
寺田　和正

日本規格協会

注記：本書のFSMS（食品安全マネジメントシステム）関連規格の解説は，担当者向けに重要事項を抜粋した内容としています（すべてを網羅しているわけではありません）．またこの規格への理解を促進するために，規格本文での表記を平易な言葉に一部変換し，例や著者独自の説明を補足しています．

本書のご紹介

　本書は，食品安全マネジメントシステム（FSMS：Food Safety Management Systems）関連規格の入門者向け書籍です．特に実務担当者に理解を深めていただきたい重要ポイントを抜粋し，見るみるモデル，要点解説，イラスト，ミニワークブックを特徴としています．個人学習や社内勉強会でご活用ください．

本書が取り扱う FSMS 関連規格

① **ISO 22000:2018**

食品安全マネジメントシステム—フードチェーンのあらゆる組織に対する要求事項（Food safety management systems—Requirements for any organization in the food chain）

☞ 参考：第1章2③，第3章，第6章

② **ISO/TS 22002-1:2009**

食品安全のための前提条件プログラム パート1: 食品製造
(Prerequisite programs on food safety Part 1: Food manufacturing)

☞ 参考：第1章2④，第4章

③ **FSSC 22000 スキーム第6.0版（Version 6.0）（2023年4月）の FSSC 追加要求事項．** GFSI（国際食品安全イニシアチブ）が定める，上記①②に追加する食品安全の要求事項

☞ 参考：第1章2⑤，第5章

　本書では，上記①〜③の規格・スキームを "FSMS 関連規格" と表記します．

目　　次

第4章　ISO/TS 22002-1　重要ポイントとワークブック

第5章　FSSC 22000 第6.0 版　追加要求事項

第6章　資料編

第1章

HACCP, ISO 22000, FSSC 22000 とは？

1　食品安全の大切さ

★ 食は人に幸せをもたらします．一人でおいしく味わう食事，家族や友人とおしゃべりしながら味わう食事の記憶は，年月が経ったとき，その人を勇気付けることがあります．

★ その食品が安全でないと，健康被害につながり，重篤な場合は命を奪うこともあるなど，人間に不幸をもたらすおそれもあります．

★ 企業・組織としては，食品問題が発生すると，ご本人や取引先へのお詫び，損害賠償，規制当局やマスコミへの説明，製品の回収（リコール）などの対応が必要となり，存続の危機に陥ります．

★ 食品安全への取組みは，昔から慣習や経験などに基づき行われていましたが，"科学的に"実施するための HACCP（ハサップ，ハセップ）などの基準ができ，一部は国際規格になりました．

★ 自社の食品安全活動が国際的な基準を満たしているかをチェックし，必要な改善を行うことは，消費者を守り，結果として，所属組織や自分を守ることにつながります．

2 HACCP, ISO 22000, FSSC 22000 とは？

① HACCP（ハサップ，ハセップ）とは

★HACCP (Hazard Analysis Critical Control Point) とは，抜取検査による食品安全管理ではなく，工程で食品安全の重要なポイントを特定し，確実に管理するための食品安全のしくみです．問題の検出ではなく，予防を重要視しています．

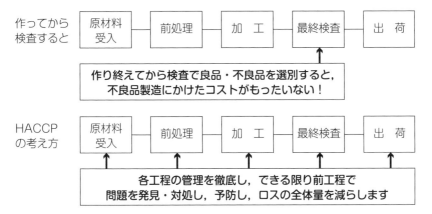

HACCPにより，食品安全の確実な推進とコスト削減を目指します！

② ISO とは

★ISO は，国際標準化機構 (International Organization for Standardization) という国際組織で，ビジネスを円滑に行うことを目的に，国際的な標準化を推進しています．

③ ISO 22000 食品安全マネジメントシステムとは ☞ 参考：第3章

★食品安全面のマネジメント（管理体制）を構築し，維持し，継続的に改善するシステム（しくみ）を定めた国際規格

★食品安全を目指した PDCA（Plan → Do → Check → Act）サイクル推進に必要な要素が表されており，特に HACCP の食品安全ハザード分析と対策の推進を重要視しています．

④　ISO/TS 22002-1 とは　☞　参考：第4章

　＊食品安全のための前提条件プログラム—第1部：食品製造

　＊食品安全面のマネジメントを推進するうえでの前提条件の中で，第1部は食品製造に関してまとめた国際規格

　＊食品を取り扱う建物，環境，作業区域，ユーティリティ（空気，水，エネルギーなど），廃棄物，設備・器具・測定機の清掃，保守，購入原材料の管理，微生物交差汚染，アレルゲン，清掃・洗浄，殺菌・消毒，有害生物（ねずみ類，昆虫等）の防除，要員の衛生管理，製品のリコール，倉庫保管，消費者の認識，バイオテロリズムなどの管理の重要事項を記載

⑤　FSSC 22000 とは　☞　参考：第5章

　＊大手食品小売業や食品製造業が参加する GFSI（Global Food Safety Initiative：国際食品安全イニシアチブ）は，食品に関する様々な規格を評価し，適切と考えたものはスキームとして登録します．FSSC 22000 は，GFSI の承認を得た食品安全マネジメントスキームで，① ISO 22000＋② ISO/TS 22002＋③ FSSC 22000 追加要求事項から構成されます．

FSSC 22000 の規格・要求事項の概要

ISO 22000 （食品安全のしくみ，全般）		ISO/TS 22002-1 （衛生管理等への取組み）		FSSC 22000 追加要求事項
・HACCP の考え方が中心（特に"8 運用"） ・工程のハザードの特定・分析と制御 ・衛生管理等の詳細は，ISO/TS 22002-1 参照 ・食品安全に向けた様々な要素で構成されるPDCAサイクルの継続的な推進	＋	・建物，作業区域，ユーティリティ（例：空気，水），設備・器具，測定器の管理 ・購入材料の管理 ・清掃・洗浄，殺菌・消毒 ・製品のリコール ・倉庫保管 ・廃棄物管理 ・要員の衛生管理等	＋	左の2規格を補強する要求事項 ・外部試験所・分析機関の管理 ・製品のラベリング ・食品防御 ・食品偽装の軽減 ・FSSC 22000 ロゴの使用 ・アレルゲンの管理 ・環境モニタリング ・輸送・配達等

※　ISO/TS 22002 には"-1（第1部）"以外のパートもあり，自社の行う業務により選択します．

⑥　そのほかの認証制度

　厚生労働省や農林水産省は，食品安全活動の普及・促進を目指し，HACCP の考え方を多くの組織が実践するための支援を行っています．

　食品安全を目指した認証制度には，本書で取り上げる FSSC 22000 や ISO 22000 に基づく認証制度以外にも様々な種類があり，以下に例を記載します．

＊SQF 認証

　FMI（食品マーケティング協会，米国）に属する SQFI が運営．コーデックス委員会の HACCP ガイドラインに基づいて作成された SQF（Safe Quality Food）の基準に基づく認証制度

＊JFS 規格に基づく認証

　一般財団法人食品安全マネジメント協会が運営

　JFS-A 規格（HACCP を取り入れた一般衛生管理である GMP が中心），JFS-B 規格（GMP に加えてコーデックス HACCP を取り入れ，危害要因の分析と制御も実施），JFS-C 規格（GMP，HACCP を動かす食品安全マネジメントシステムの導入・推進）の 3 段階の規格に基づく認証制度

＊食品衛生法に基づく総合衛生管理製造過程承認制度

　厚生労働省が運営する HACCP の考え方を取り入れた衛生管理の基準に基づく認証制度

＊地方公共団体が推進する HACCP 等認証制度

　地方公共団体が食品安全の基準を定め運営する認証制度．求める範囲やレベルは制度を運営する地方公共団体により異なります．

＊各業界団体が推進する HACCP 等認証制度

　業界団体が，とりまとめを行う業界に必要と考える基準を定め運営する認証制度

3　なぜ標準化を進めるか？

①　食品安全リスクの低減

食品安全上，注意しなければいけないポイント（食品安全の肝）について，関係者全員が同じ認識をもつために，標準化を推進し，"食品安全推進におけるばらつき"を減らします．

②　業務基準の共有と育成期間の短縮

関係者全員が同じ認識をもつために，基準や手順等の文書作成に加えて，ビデオや写真を用いた育成，実地訓練，現場での表示等による業務基準の"見える化"，日々の打合せなどのコミュニケーションを推進するためのベースとして，標準化は重要です．うまく標準化すると要員の育成期間短縮やトレーナーの教え方のばらつき低減につながります（うまく標準化しないと，人によるばらつきが増え，リスクが高まります）．

③　説明責任（accountability）を果たす能力の向上

食品安全問題が発生したり，予兆に気付いたりした場合，どのプロセスで，どのような力量の人が，何を使ってどのように作業を実施し，どのような結果が出ていたのかを"科学的に"説明できることは，消費者などへの品質保証活動や社内の改善活動に不可欠です．

4　FSMSに関する主な用語

①　FSMS（食品安全に取り組むしくみ）

食品安全に向けた方針，目標を達成するためのしくみ．食品安全マネジメントシステム（FSMS：Food Safety Management Systems）

②　PRPs（衛生管理等への取組み）

FSMSを推進するうえでの前提条件となる，衛生管理等への取組み．前提条件プログラム（PRPs：Prerequisite Programmes）

③ **食品安全ハザード，ハザード，危害要因**

消費者の健康に悪影響を与える危害要因

例：食品への異物混入，微生物による汚染，

アレルゲンの混入，カビの発生

④ **CCP（重要管理点）**

食品安全ハザード分析後，特に重要視すべき工程をCCP（重要管理点，Critical Control Point）と位置付け，重点的に管理します．この工程では，許容限界（CL）を設定し，モニタリング（監視）を行います．許容限界（CL）から逸脱した場合，必要な是正処置をとります．

例：金属検出工程（食品に設備・器具等の金属くずが混入していないかを専用の機械でチェックする工程）をCCPに位置付ける．

⑤ **許容限界（CL）**

CCP（重要管理点）を設定したプロセスで定める，超えてはいけない食品安全ハザードの管理基準（CL：Critical Limit）

例：鉄の異物（直径X.X mm以上）を食品に混入させない．

⑥ **OPRP（作業管理手段等）**

食品安全ハザードを制御・予防するために，プロセス（工程）の中で，実施する作業管理手段等．オペレーション前提条件プログラム（OPRP：Operational Prerequisite Programme）

⑦ **モニタリング（監視）**

プロセスや製品のモニタリング（監視）を行い，処置基準に基づき判断します．

例：肉を鉄板で焼く場合

● モニタリング：肉の側面，表面の変化を目視で継続的に監視

● 処置基準：焼き具合の限度見本（肉の表面の変化の度合いを表す写真）により基準を共有し，適切なタイミングで必要な処置を行う．

⑧　食品安全ハザード管理プラン，HACCPプラン，OPRPプラン

プロセス（工程）の起こり得る食品安全ハザードを特定し，リスク（健康被害の度合い×発生可能性）を考えて，制御や処置を明確化したもの．ハザード管理プランは，一度作って終わりではなく，現場の担当者が理解し，運用し，維持・改善し続けることが重要です．

⑨　フローダイアグラム（工程の流れ）

工程の流れを表したもの

例えば，袋入りインスタントラーメンを調理する工程の場合，スープの調理工程，麺の調理工程，具材の調理・トッピング工程の流れが途中で合流し，だんだんと完成品になりますが，それをフローで表します．

⑩　工程のパラメータ（例：監視，管理する数値）

工程管理を行う変動要素

例えば，食品の品温，調理器具の表面温度について，決めた時間ごとにモニタリング（監視）し，管理します．

⑪　FSMSの目標（食品安全目標）

食品安全の目標

例："賞味期限・消費期限の誤表示＝0件"，"食品安全向上に向けた改善提案＝半年間で一人○件以上"

⑫　フードチェーン（流通経路等）

食品の経路のつながり．例えば，畑での野菜の栽培・収穫→輸送・保管→卸売市場で販売→スーパーマーケットの調達担当による仕入れ→輸送・保管→店舗で陳列→消費者の購入→輸送（自宅へ）→保管→消費者が調理→食事→未消費分や残りくずの廃棄，まで

5 リスク・機会とは

ISO 22000 では，リスクと機会の考え方が用いられています．

① **リスク（risk）とは**※

良くない結果につながる可能性

例えば，食品安全問題や法規制等の違反など

につながる可能性があること

② **機会（opportunity）とは**

良い結果につながる可能性

例えば，食品安全活動の効果と効率性を

高める可能性があること

※ リスクは"不確かさの影響"と ISO 22000 3.39 では定義されており，好ましい面，好ましくない面の両方を含みますが，本書では一般的なリスクのイメージを考慮して，上記の①の考え方で用います．

③ **食品安全ハザードとリスクの大きさとの関係**

食品安全ハザードが原因となって健康被害につながる場合がありますが，健康被害の大きさが，リスクの"影響度"（後出のイラストの縦軸）になります．

■ 食品安全ハザードがもたらす結果と影響度（例）

原　因 （食品安全ハザード）	結　果 （健康被害）	影響度 （健康被害の大きさ）
食品に作業者の髪の毛が混入	不快感など	小
食品に意図しないアレルゲンが混入	重篤な健康被害が出る場合がある	特大

※ 食品安全ハザードへの処置は，許容限界（CL）内である必要があります．

④　リスクの大きさ

［影響度（例：健康被害の度合い）］×［発生可能性（起こりやすさ，頻度）］

［補足説明］　発生可能性は，過去の発生確率に加えて，将来発生する可能性を考えることがポイントです．

⑤　リスク・機会に応じた制御

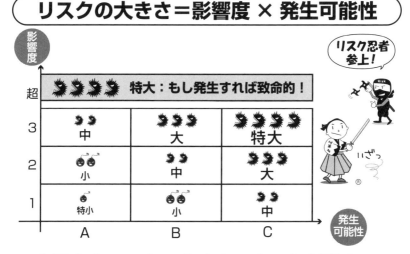

★後出の ISO 22000　6.1（リスク及び機会への取組み）には，"取り組む必要があるリスク及び機会を決定しなければならない"という記述があります．　☞ **参考：第3章6.1**

★リスクの大きさを考え，取り組むべき課題を決定し（時に絞り込み），リスクに応じた処置を決定し，実行し，実施成果や効果をフォローし，継続的に改善します．

第2章

見るみる FS モデル
FSMS（食品安全マネジメントシステム）モデル

★この章では，FSMS 関連規格（ISO 22000, ISO/TS 22002-1，FSSC 追加要求事項）の目次の項目を，PDCA サイクルの視点から見直し，"見るみる FS モデル" という図に再定義しました.

★第 3, 4, 5 章をご覧いただくとき，また内部監査の準備や実施の際に，FSMS 関連規格の全体像を俯瞰的に見るためにご活用ください.

見るみる FS モデル	ISO 22000 ＋ ISO /

リーダーシップ	組織の分析	4 組織の状況	4.1　組織及びその状況の理解 4.2　利害関係者のニーズ及び期待の理解
	Policy	方針	5.2　方針　　5.2.1 食品安全方針の確立
	Plan	組織	5.3　組織の役割，責任及び権限
		6 計画 リスク・機会	6.1　リスク及び機会への取組み
		目標・計画	6.2　食品安全マネジメントシステムの目標 及びそれを達成するための計画策定
		7 支援 7.1 資源 7.1.1 一般　人	7.1.2　人々
		モノ	7.1.3　インフラストラクチャ
		調達	7.1.6　外部から提供されるプロセス， 製品又はサービスの管理

5
リーダーシップ

5.1
リーダーシップ及びコミットメント

	ISO/TS 22002-1 前提条件プログラム
インフラ 施設設備の管理	PRP-4　建物の構造と配置
	PRP-5　施設及び作業区域の配置
	PRP-6　ユーティリティ – 空気，水，エネルギー
調達	PRP-9　購入材料の管理（マネジメント）
人	PRP-13 要員の衛生及び従業員のための施設
工程 生産物流	PRP-10 交差汚染の予防手段
	PRP-14 手直し
廃棄	PRP-7　廃棄物処理
制御	PRP-18 食品防御，バイオビジランス及びバイオテロリズム
製品情報	PRP-17 製品情報及び消費者の認識
リコール	PRP-15 製品のリコール手順

hazard

Do	8 運用 食品安全に向けた運用の計画及び管理（PDCAサイクル） [8.1]		PLAN
		① PRPs衛生管理等への取組み [8.2]	④ハザード分析 ・事前情報の収集 ・フローダイアグラム ・工程，環境分析 ・ハザード分析 ・ハザード評価 ・管理手段の選択 [8.5.1, 8.5.2]
		② トレーサビリティシステム [8.3]	
		③ 緊急事態への準備及び対応 [8.4]	
		ACT（食品安全の改善）	CHECK
		FSMS 文書の更新　　[8.6] ・初期情報 ・PRPs ・ハザード管理プランを規定する文書の更新	①検証活動 [8.8.1]

ハザード管理プラン

	Check	9 パフォーマンス評価 分析・評価	9.1　モニタリング，測定，分析及び評価
		内部監査	9.2　内部監査
		MR	9.3　マネジメントレビュー　9.3.1 一般
	Act	10 改善 是正処置	10.1　不適合及び是正処置

TS 22002-1＋FSSC 22000 追加要求事項

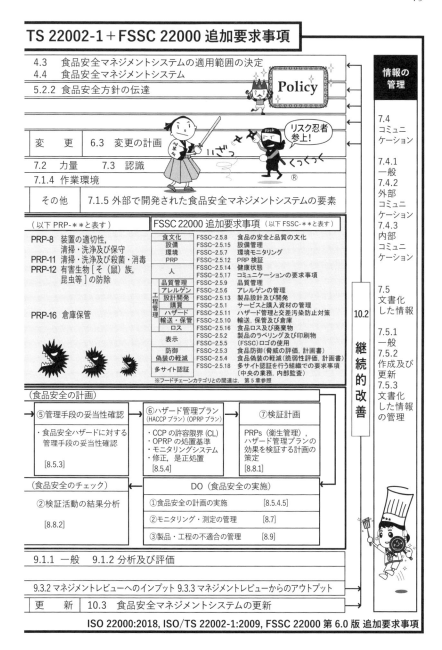

4.3	食品安全マネジメントシステムの適用範囲の決定	
4.4	食品安全マネジメントシステム	
5.2.2	食品安全方針の伝達	

Policy

リスク忍者参上！

変 更	6.3 変更の計画
7.2 力量	7.3 認識
7.1.4 作業環境	
その他	7.1.5 外部で開発された食品安全マネジメントシステムの要素

（以下 PRP-＊＊と表す）

PRP-8 装置の適切性、清掃・洗浄及び保守
PRP-11 清掃・洗浄及び殺菌・消毒
PRP-12 有害生物 [そ (鼠) 族、昆虫等] の防除

PRP-16 倉庫保管

FSSC 22000 追加要求事項 （以下 FSSC-＊＊と表す）

食文化	FSSC-2.5.8	食品の安全と品質の文化
設備	FSSC-2.5.15	設備管理
環境	FSSC-2.5.7	環境モニタリング
PRP	FSSC-2.5.12	PRP 検証
人	FSSC-2.5.14	健康状態
	FSSC-2.5.17	コミュニケーションの要求事項
品質管理	FSSC-2.5.9	品質管理
アレルゲン	FSSC-2.5.6	アレルゲンの管理
設計開発	FSSC-2.5.13	製品設計及び開発
購買	FSSC-2.5.1	サービスと購入資材の管理
ハザード	FSSC-2.5.11	ハザード管理と交差汚染防止対策
輸送・保管	FSSC-2.5.10	輸送, 保管及び倉庫
ロス	FSSC-2.5.16	食品ロス及び廃棄物
表示	FSSC-2.5.2	製品のラベリング及び印刷物
	FSSC-2.5.5	(FSSC) ロゴの使用
防御	FSSC-2.5.3	食品防御（脅威の評価, 計画書）
偽装の軽減	FSSC-2.5.4	食品偽装の軽減（脆弱性評価, 計画書）
多サイト認証	FSSC-2.5.18	多サイト認証を行う組織での要求事項（中央の業務, 内部監査）

（工程管理）

※フードチェーンカテゴリとの関連は, 第 5 章参照

（食品安全の計画）

⑤管理手段の妥当性確認	⑥ハザード管理プラン (HACCP プラン) (OPRP プラン)	⑦検証計画
・食品安全ハザードに対する管理手段の妥当性確認　[8.5.3]	・CCP の許容限界 (CL) ・OPRP の処置基準 ・モニタリングシステム ・修正, 是正処置　[8.5.4]	PRPs（衛生管理）, ハザード管理プランの効果を検証する計画の策定　[8.8.1]

（食品安全のチェック）	DO（食品安全の実施）
②検証活動の結果分析　[8.8.2]	①食品安全の計画の実施　[8.5.4.5] ②モニタリング・測定の管理　[8.7] ③製品・工程の不適合の管理　[8.9]

9.1.1 一般　　9.1.2 分析及び評価

9.3.2 マネジメントレビューへのインプット　9.3.3 マネジメントレビューからのアウトプット

更 新	10.3 食品安全マネジメントシステムの更新

情報の管理

7.4 コミュニケーション

7.4.1 一般
7.4.2 外部コミュニケーション
7.4.3 内部コミュニケーション

7.5 文書化した情報

7.5.1 一般
7.5.2 作成及び更新
7.5.3 文書化した情報の管理

10.2 継続的改善

ISO 22000:2018, ISO/TS 22002-1:2009, FSSC 22000 第 6.0 版 追加要求事項

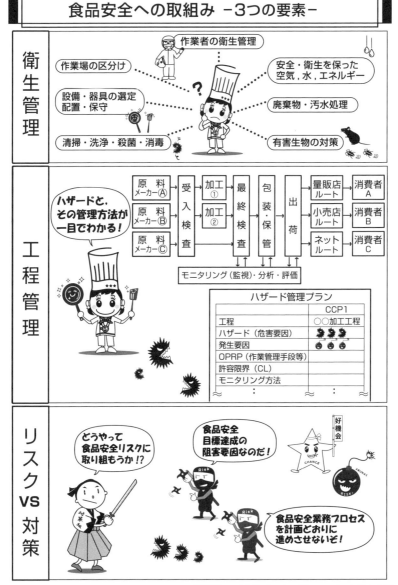

(C)Hiroshi Fukada, Kazumasa Terada

第**3**章

ISO 22000 食品安全マネジメントシステムの重要ポイントとワークブック

注記：食品安全マネジメントシステム（Food Safety Management Systems）について，本書では，"FSMS" または "FSMS（食品安全に取り組むしくみ）" と略記することがあります．
　　　そのほかの主な用語は，第 1 章を参照ください．
　　　本章の見出しは，ISO 22000 の目次に合わせています．

4　組織の状況

（Context of the organization）

4.1　組織及びその状況の理解
4.2　利害関係者のニーズ及び期待の理解
4.3　食品安全マネジメントシステムの適用範囲の決定
4.4　食品安全マネジメントシステム

4.1　組織及びその状況の理解

①　自社・組織の目的（事業目的），ISO 22000 に基づく FSMS（食品安全に取り組むしくみ）を推進するねらいを明確化します.

②　その FSMS を推進するねらいに向けた活動に関連する（影響を与える）外部課題，内部課題を決定します.

③　外部課題，内部課題に変化がないかを見直します.

　［補足説明］　変化の情報は，マネジメントレビュー（9.3）へのインプットになるため，マネジメントレビュー実施前にレビューすることが望ましいです.

■ SWOT（スウォット）分析─組織の状況分析のまとめ方の例

外部・内部課題，利害関係者のニーズ・期待を整理する一手法です.

		好ましい	好ましくない
外部環境		**O　機会**　自社を取り巻くビジネス環境について好ましい事項・状況	**T　脅威**　ビジネス環境の中で好ましくない事項・状況
内部環境（自社）		**S　強み**　自社の中で好ましい事項・状況	**W　弱み**　自社の中で好ましくない事項・状況

食品安全マネジメントシステムにかかわる外部・内部課題を分析します

［補足説明］

（a）企業・組織の目的

企業の事業目的，事業推進のねらい．経営方針や中期経営計画に表明されていることが比較的多い．

（b）戦略的な方向性

例えば，ターゲットとするマーケットにおいて，競合する企業よりも自社のほうが優れている（強みをもつ）ため，今後強化しようとしている分野．中期経営計画や経営層の年度方針で表明されていることが多い．

> ※1　ISO 22000 の 4.1 には ISO 9001 の 4.1 のように "戦略的な方向性" の記述はありませんが，5.1 に該当の記述があります．

（c）FSMS を推進するねらい（FSMS の意図した結果）

ISO 22000（および関連する食品安全規格）に基づく FSMS（食品安全に取り組むしくみ）を導入し，維持・改善していくうえでのねらい．食品安全方針や食品安全目標の達成など

（d）外部課題

企業を取り巻く外部環境の課題（好ましい／好ましくない事項）の例

ビジネス関連	食品や関連サービスの市場，景気，為替レート，競合会社の戦略，人手不足，仕入先の景況
技術関連	製造・分析・輸送・保存等の技術，医療，薬品，化学物質，アレルゲン，遺伝子，ゲノム編集，ICT（情報通信技術）
環境・自然関連	自然災害，気象問題，作柄状況，海洋汚染問題（マイクロプラスチック），廃棄プラスチック処分問題
消費者関連	食品安全への関心, 健康志向, 少子高齢化
犯罪関連	食品偽装，食品の意図的汚染．サイレントチェンジ（原材料の規格をこっそり変更），テロ，情報セキュリティ
規制当局関連	国内・国外の法規制等の制定・改正，補助金，税制度

（e）内部課題

企業内の課題（好ましい／好ましくない事項）の例

製品価値関連	自社食品の市場における価値の度合い（ブランド力）
技術関連	保有技術，新しい技術（研究・開発，外部導入技術），ノウハウの組織的共有・活用状況（活発かどうか）
人的・組織的経営資源関連	要員の年齢構成,母語の分布，スキル・経験の分布，教育への継続的な投資，労働安全衛生への取組み，コミュニケーションの品質，組織風土，モチベーション
他の経営資源関連	ハードウェア（建物，設備等），ソフトウェア，ICT，ユーティリティ（空気，水，電力）

4.2　利害関係者のニーズ及び期待の理解

①　FSMS に深く関連する利害関係者を決定し，利害関係者の FSMS に関連するニーズや期待（要求事項）は何かを検討し，決定します．（次ページのイラスト参照）

［補足説明］

　4.1 組織及びその状況の理解，4.2 利害関係者のニーズ及び期待の理解の情報（組織状況の分析結果）は，食品安全目標策定（6.2）や，マネジメントレビュー（9.3）への重要なインプット情報になります．

4.3　食品安全マネジメントシステムの適用範囲の決定

4.1，4.2 を考慮して，FSMS の適用範囲を決定し，文書化し，維持します．［文書化］☞ **参考：7.5　文書化した情報**

4.4　食品安全マネジメントシステム

① FSMS（食品安全に取り組むしくみ）を整備し，標準化します．
　　例：業務プロセスを検討し，文書化などにより共通認識をもつ．

② 実施（運用）・維持

③ 継続的改善

5 リーダーシップ
（Leadership）

5.1 リーダーシップ及びコミットメント
5.2 方　針
5.3 組織の役割，責任及び権限

6 計　画
（Planning）

6.1 リスク及び機会への取組み
6.2 食品安全マネジメントシステムの目標及び
　　それを達成するための計画策定
6.3 変更の計画

5.1　リーダーシップ及びコミットメント

FSMS（食品安全に取り組むしくみ）の経営層は，以下に留意し，リーダーシップを発揮し，コミットメント（責務）を果たす活動を行っていることを実証します．

① 食品安全方針，食品安全目標を明確にします．その際，戦略的な方向性と整合させます．

② 組織の事業プロセス（実務）とFSMSが一体になっているようにします．（FSMSが組織の実務と別にならないように）

③ FSMSに必要な経営資源を利用できるようにします．

④ FSMSの重要性を要員に伝え，FSMSの要求事項（適用される法規制など，顧客との合意事項を含む）に適合します．

⑤ FSMSのねらい（意図した結果，☞ 参考：4.1　組織及びその状況の理解）の達成に向けて評価し，推進します．

⑥ 組織の管理職などが，担当領域においてリーダーシップを発揮できるように経営層は支援します．

［補足説明］

★ "5 リーダーシップ" では，主にFSMSの経営層（トップマネジメント）にかかわる要求事項が表されています．

★ 加えて，食品安全チームリーダーや各部門の責任者が各自の担当領域において，効果的なリーダーシップを発揮すると，食品安全を目指したPDCA活動をより力強く推進できます．

5.2　方針（食品安全方針）

① 経営層は，組織の目的，組織の状況（☞ 参考：4.1　組織及びその状況の理解 ）を考慮した "食品安全方針" を表明し，文書化し，維持し，組織内に伝達し，実現を推進します．［文書化］

☞ 参考：7.5　文書化した情報

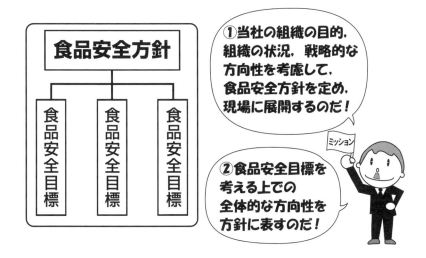

5.3　組織の役割，責任及び権限

5.3.1

① 　FSMS の経営層は，組織が担う役割，それを果たすための責任・権限を割り当てて，組織に浸透させます．

② 　経営層は，食品安全チームやそのチームリーダーを指名します．

5.3.2

① 　食品安全チームリーダーは，次の責任をもちます．

　＊FSMS の確立，実施，維持，更新

　＊食品安全チームを管理し，活動をとりまとめ，必要な訓練を行い，要員が力量を確実に身につけるようにします．

　＊FSMS の有効性，適切性について，経営層に報告します．

5.3.3

① 　すべての要員は，FSMS に関する問題を，組織で決めた人（例：食品安全チーム員）に報告する責任をもちます．

6.1　リスク及び機会への取組み

6.1.1

① FSMS（食品安全に取り組むしくみ）を計画する際，取り組む必要がある "リスク" と "機会" を決定します．

② その際，4.1 で決定した組織の外部課題・内部課題，4.2 で決定した利害関係者のニーズ・期待を考慮します．

　※1　リスクと機会の考え方は，FSMS のパフォーマンス（実績）や有効性に関する事象，結果に限定されます．

　※2　食品安全ハザードのマネジメントは， "8 運用" で行います．

6.1.2

① 決定した "リスク" と "機会" への取組みを計画し，またその取組みが，有効かどうかを評価する方法を計画します．

6.1.3

① "リスク" と "機会" に取り組むための処置（どのように対応するか）は，食品安全要求事項への影響，顧客に納品する食品・サービスへの適合性，フードチェーン（流通経路等）内の利害関係者の要求事項に見合ったものとします．

6.2　食品安全マネジメントシステムの目標及びそれを達成するための計画策定

①　食品安全目標を，関連する機能，階層で策定します．

②　目標を達成するための計画策定時，次の事項を決定し，記録として残します．［記録］☞ **参考：7.5　文書化した情報**

★実施事項（施策）　　★責任者

★必要な資源

　　［ヒト，モノ，資金，技術（ノウハウ），時間，組織風土など］

★実施事項の完了時期（期限やスケジュール）

★結果の評価方法（達成基準と評価方法）

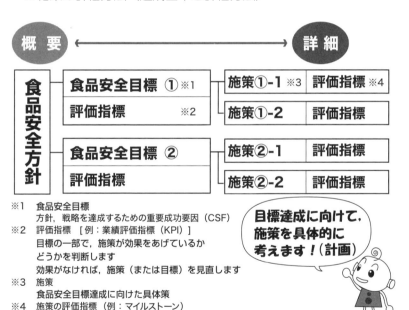

※1　食品安全目標
　　　方針，戦略を達成するための重要成功要因（CSF）
※2　評価指標　［例：業績評価指標（KPI）］
　　　目標の一部で，施策が効果をあげているか
　　　どうかを判断します
　　　効果がなければ，施策（または目標）を見直します
※3　施策
　　　食品安全目標達成に向けた具体策
※4　施策の評価指標（例：マイルストーン）
　　　施策の実行状況を（途中，終了時に）確認する指標

目標達成に向けて，施策を具体的に考えます！（計画）

6.3　変更の計画（補足：FSMS の変更です）

①　FSMS の変更時，突発的ではなく計画的な方法で実施します．

7 支　援
（Support）

7.1　資　源
7.2　力　量
7.3　認　識
7.4　コミュニケーション
7.5　文書化した情報

7.1 資 源

7.1.1 一 般

① FSMSの推進に必要な社内,社外の経営資源を明確にし,提供します.

7.1.2 人 々

① FSMSの効果的な運用・管理に必要な人々(要員)が,力量を保有することを確実にします. ☞ **参考:7.2 力量**

② FSMS推進に外部の専門家の協力を得る場合は,外部の専門家の力量,責任・権限を文書に定め,合意(契約)し,記録として残します.[記録] ☞ **参考:7.5 文書化した情報**

7.1.3 インフラストラクチャ

① FSMSの推進に必要なインフラストラクチャを決定し,提供し,維持(配備,点検・調整,清掃,消毒など)します.

② インフラストラクチャの事例

＊土地,建物,関連するユーティリティ(空気,水,電気をはじめとするエネルギーなど)

＊設備[ハードウェア(施設,設備,器具等),ソフトウェア]

＊輸送関連設備(フォークリフト,運送用車両,ドローンなど)

＊情報通信技術(ICT)(通信,ICTサービスなど)

[補足説明]

＊食品安全の視点で,生産設備のメンテナンス仕様を評価することは重要です.

＊(a)担当者が安全かつ衛生的,効率的に使用できること,(b)誤操作・誤作動しにくいこと,(c)メンテナンスしやすいこと(作業工数が小さい,必要な分解がしやすい),(d)異常を検知

　しやすいことを，設備導入〜使用〜修理〜廃棄までの "ライフサイクル" を考慮して検討します．

　★ この評価・選定が十分でないと，安全面の事故につながる場合があり，またメンテナンスによる異物混入（部品や汚れの製品への混入など），衛生面の問題（清掃しきれないなど）につながります．

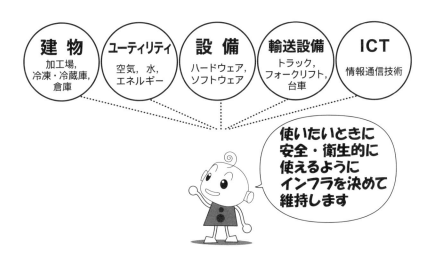

7.1.4　作業環境

① 　FSMSの要求事項を満たすために必要な作業環境を決定し，提供し，維持します．

② 　作業環境を検討する際，下記を考慮します．

　★社会的要因：差別のない状態，平穏な環境

　★心理的要因：ストレスを少なくする．心のケア（寄り添う）

　★物理的要因：気温，熱，湿度，明るさ，気流，衛生状態，音

［補足説明］

　★作業環境は，生産する食品や関連サービスによって大きく異なります．例えば，食品の目指すべき品温と，作業環境の気温の設定，その実現に用いる空調機器の設置・設定，気流の検討や作業服の選択をトータルで考えます．

　★もちろん，働く人々の"安全・健康第一"です．

　★また，労働安全面の問題（健康への影響度×発生可能性）を体系的，科学的に減らすために，ISO 45001（労働安全衛生マネジメントシステム）の規格に基づくPDCAサイクルを導入・活用する方法もあります．

7.1.5　外部で開発された食品安全マネジメントシステムの要素

　①　ISO 22000以外に，他のFSMS規格・基準等でもFSMS，PRPs（衛生管理等への取組み），食品安全ハザード分析，食品安全ハザード管理プラン（☞ **参考：第6章 8.5.4**）の要素を取り扱っています．他のFSMS規格・基準等を導入する際は，次の事項に留意します．

　★ISO 22000に適合して作られた規格・基準か

　★組織の現場やプロセス，製品に適応できるか

　★ISO 22000の規格と同様に実施,維持,更新されているか（更新されていない規格や要求事項は陳腐化している可能性があります.）

　★その導入について，文書化し，記録として残します．［記録］

　　☞ **参考：7.5　文書化した情報**

［補足説明］

　★関連する要求事項として，本書の第4章でISO/TS 22002-1を，第5章でFSSC 22000追加要求事項を取り上げています．

　★第1章2⑥そのほかの認証制度，も参照ください．

7.1.6　外部から提供されるプロセス，製品又はサービスの管理

（購買，外部委託関連）

①　食品の購入や，外部委託の場合，その外部提供者（購買先，外部委託先）の評価，選択，パフォーマンス（実績）のモニタリング（監視），再評価の基準を明確化し，適用します．

②　外部提供者に要求事項（例：発注情報）を適切に伝達します．

③　外部提供者から納入される食品・サービスや外部提供者の業務プロセスが，組織の FSMS 活動に悪影響を与えないようにします．

④　評価・再評価の活動，結果，その処置を記録として残します．

　　［記録］☞ **参考：7.5　文書化した情報**

［補足説明］

　　★ 購買先，外部委託先の現場調査はリスクを減らすために大切です．

　　★ 例えば，サイレントチェンジ（原材料の規格・仕様をこっそり変更する），コンタミネーション（例：アレルギー物質，化学物質，雑菌の意図しない混入），交差汚染のリスクはどうか，何よりも，本当に正直な会社・組織かどうか，問題発生時に逃げない・先送りしない組織かどうかを現場で "見抜く" スキルが現地調査担当者には求められます．

7.2　力　量

①　食品安全活動のパフォーマンス（実績）や有効性に影響を与える人々（社内，外部提供者の人）に必要な力量を明確にします．

②　適切な教育・訓練や経験により，人々（作業者，食品安全チーム員や食品安全ハザード管理プランの責任者）が確実に力量をもつようにします．

③　業務を実施するうえで力量が不足する場合には，教育（OJT を含む）などで補い，必要な力量を身につけます．

④　教育などを実施後，力量が身についたかどうか，教育などの有効
性を評価します．（補足：教育を受けたかどうかではなく，学んだ
ことを実行できるか，実際に自ら行動するかどうかが大切です．）

⑤　力量を備えていることの証拠を記録として残します．［記録］

　☞　参考：7.5　文書化した情報

7.3　認　識

FSMS（食品安全に取り組むしくみ）で働く人々は，次の事項につ
いての認識をもつ必要があります．

①　食品安全方針

②　食品安全目標（補足：目標や達成状況，未達の場合は対策）

③　FSMS（食品安全に取り組むしくみ）の有効性向上（例：食品
安全目標の達成）に向けて，自分はどう貢献するか．

④　FSMS から逸脱する場合の意味（例：業務基準から逸脱して業
務を実施した場合の食品安全リスク）

一人ひとりの認識を高めると，
パフォーマンス（実績）向上につながります！

7.4　コミュニケーション

7.4.1　一　般

① FSMS（食品安全に取り組むしくみ）に関する，（a）組織内部のコミュニケーション，（b）組織外部とのコミュニケーションを効果的に行います．

② 例えば，大きな食品安全問題が発生し，製品回収（リコール）を行う場合には，伝達内容，時期，情報発信方法などを十分検討したうえで公表します．

7.4.2　外部コミュニケーション

① 社外に食品安全関連の情報を十分に伝達し，フードチェーン（流通経路等）に関わる人々がその情報を利用できるようにします．（例：製品のリコール情報の伝達や注意喚起）

② 外部提供者（購買先，外部委託先），顧客（例：食品の納入先），消費者，規制当局と必要なコミュニケーションを行います．

③ 顧客や消費者に，食品の取扱い，陳列，保管，調理，流通，使用段階での食品安全に関する製品情報を伝達，共有します．また，苦情を含むフィードバック情報を収集します．

④ 外部コミュニケーション情報は，必要時，マネジメントレビュー（☞ 参考：9.3 ）や，FSMS の更新（☞ 参考：4.4, 10.3 ）へのインプット情報とします．

⑤ 外部コミュニケーションの証拠を記録として残します．［記録］
☞ 参考：7.5　文書化した情報

7.4.3　内部コミュニケーション

① FSMS を運営するために，社内で情報交換活動（例：対話，ミーティング，メール，朝礼・昼礼）を行い，食品安全に影響する情

報を共有するしくみを確立し，運用し，維持します.

②　食品安全に影響を与える様々な変更情報を，食品安全チームにタイムリーに伝達します.

　　伝達事項の例：製品のリニューアル（変更），新製品，原料，材料，工程，設備（衛生管理関連を含む），要員の力量，法令等，食品安全ハザード，苦情，警告，食品安全に影響するその他の条件

③　内部コミュニケーション情報は，必要時，マネジメントレビュー（☞ **参考：9.3** ）や，食品安全チームの FSMS の更新（☞ **参考：4.4, 10.3** ）へのインプット情報とします.

［補足説明］

　★コミュニケーションは，伝えたかどうかでなく，伝わっているかどうかが大切です. 説明中に相手の表情を観察して "本当に伝わっているかな？" と確認しながら説明・対話することも重要です.

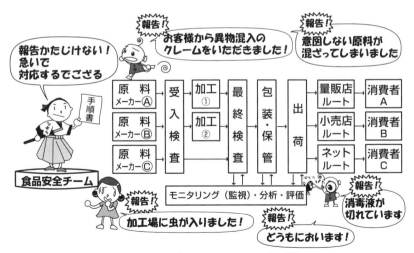

あやしい場合，すぐに報告を！

7.5　文書化した情報（文書管理・記録管理）

7.5.1　一　般

FSMS（食品安全に取り組むしくみ）には，次の事項を含みます．

① ISO 22000 が要求する文書化した情報（文書，記録）

……本書では "☞ 参考：7.5　文書化した情報 " マークを表記

② FSMS の有効性のために組織が必要と判断した文書化した情報（文書，記録）

③ 法規制等や規制当局の要求事項，食品安全要求事項

［補足説明］

（a）文書化した情報と文書，記録

＊文書化した情報には，手順書などの "文書" や，業務の結果（証拠を含む）を残す "記録" の両方が含まれます．

＊本書では，文書化した情報についてイメージしやすいように "文書" または "記録" という用語を用いています．

（b）文書化の程度

＊文書化の目的は，"共有" です．業務プロセス，情報，リスク・機会と対策，ノウハウなどを関係者が "共有" することが目的で，文書化はその手段のひとつです．

＊どこまで詳細／概要レベルで文書化するか，または全く文書化しないかは，担当者の力量・経験，業務の複雑さ，関係者のコミュニケーションの緊密さ，顧客や規制当局，社会に対する説明責任（accountability）へのニーズを考慮し，自社・組織で決めます．

7.5.2　作成及び更新

① 文書・記録は，（タイトル，日付などで）識別できるようにし，適切性，妥当性をレビューし，承認します．

7.5.3　文書化した情報の管理

① 　文書・記録を使いたいときに使えるようにします.

② 　文書・記録を機密性の喪失（情報漏えい），不適切な使用，完全性の喪失（意図しない削除，改変，破損）から保護します.

③ 　文書・記録を管理します.（配付，アクセス，検索，利用，保管・保存，変更などにおける管理，意図しない改変からの保護）

④ 　FSMS に関する外部から得る文書・記録を，識別し，管理します.

● **ワークブック**

[1] 自部門の業務と関連する文書名，記録名を記載してください．

自部門の業務	業務に関連する 主な文書名	主な記録名
例：食材の発注業務	例：購買規定， 　　発注手順書	例：注文書，原料／材 　　料規格書，購買シス 　　テムのデータ

[2] 文書の活用，更新状況はいかがですか？

No.	質問項目	Yes	No
1	"自分の業務プロセスに関連する文書" が何かをしっかりと理解していますか？	☐	☐
2	その文書を頻繁に使っていますか？	☐	☐
3	その文書は，過去2年以内に改善に向けた更新がされましたか？	☐	☐
4	その文書はとてもわかりやすいですか？	☐	☐

　"No" のチェックが多い場合は，使われていない文書が多い可能性があります．文書の統廃合や，どのような内容をどのようなスタイルの文書にまとめると現場にとって有効か，再検討してはいかがでしょうか．

8 運 用
(Operation)

本章では，ISO 22000 の "8 運用" の全体像を理解いただくために，ISO 22000 の序文の <u>"図１－二つのレベルでの Plan-Do-Check-Act サイクルの概念図"</u> の概要説明を，PDCA のステップに分けて表しています．

注記： "8 運用" のもう少し詳しい内容は，本書の第６章１［チェックポイント（抜粋）ISO 22000 "8 運用"］を参照ください．
また，第３章では，7.5（文書化した情報）に関連する箇所に "☞ **参考：7.5 文書化した情報** " マークを記載していますが，この "8 運用" では省き，第６章１に示しています．

■ 食品安全に向けた運用の計画及び管理（PDCA サイクル）[8.1]

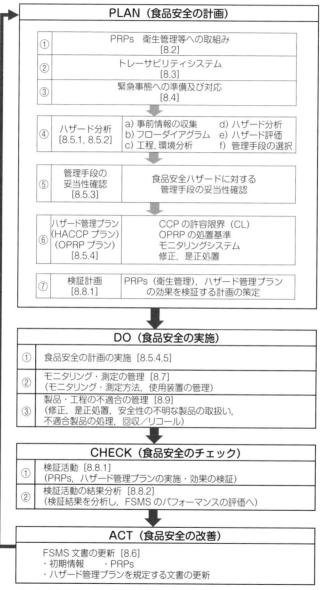

PLAN（食品安全の計画）

① PRPs　衛生管理等への取組み [8.2]

② トレーサビリティシステム [8.3]

③ 緊急事態への準備及び対応 [8.4]

④ ハザード分析 [8.5.1, 8.5.2]　　a) 事前情報の収集　d) ハザード分析　b) フローダイアグラム　e) ハザード評価　c) 工程, 環境分析　f) 管理手段の選択

⑤ 管理手段の妥当性確認 [8.5.3]　食品安全ハザードに対する管理手段の妥当性確認

⑥ ハザード管理プラン（HACCP プラン）（OPRP プラン）[8.5.4]　CCP の許容限界（CL）　OPRP の処置基準　モニタリングシステム　修正, 是正処置

⑦ 検証計画 [8.8.1]　PRPs（衛生管理）, ハザード管理プランの効果を検証する計画の策定

DO（食品安全の実施）

① 食品安全の計画の実施 [8.5.4.5]

② モニタリング・測定の管理 [8.7]（モニタリング・測定方法, 使用装置の管理）

③ 製品・工程の不適合の管理 [8.9]（修正, 是正処置, 安全性の不明な製品の取扱い, 不適合製品の処理, 回収／リコール）

CHECK（食品安全のチェック）

① 検証活動 [8.8.1]（PRPs, ハザード管理プランの実施・効果の検証）

② 検証活動の結果分析 [8.8.2]（検証結果を分析し, FSMS のパフォーマンスの評価へ）

ACT（食品安全の改善）

FSMS 文書の更新 [8.6]　・初期情報　　・PRPs　・ハザード管理プランを規定する文書の更新

※　図中の [8.X] は, ISO 22000 における箇条番号です.

PLAN（食品安全の計画）

① PRPs（衛生管理等への取組み，前提条件プログラム）[8.2]

★ 製品，加工工程，作業環境が，食品安全ハザードにより汚染しないよう，衛生管理等の方法を決めて実施・維持・更新します．

まず，確実な衛生管理＝食品安全の前提条件！

② トレーサビリティシステム（追跡のしくみ）[8.3]

★ 以下について，追跡できる方法を決めて，運用します．

● 最終製品が，どの材料，原料，中間製品を用いて製造されたか

● どのような流通経路で消費者に届けられたか

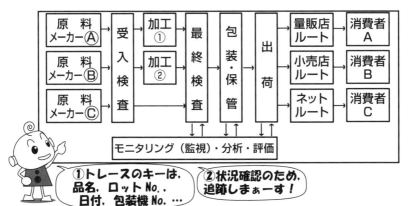

③　緊急事態への準備及び対応［8.4］

　☆潜在的な緊急事態やインシデント（例：問題発生の兆候，事象）について，準備し，発生時は対応し，可能なら定期的にテストし，改善します．

　　食品安全の緊急事態の事例：

　　●原材料・製品仕様や包装の表示と実物が異なる．（例：原材料，原産地，重量，アレルゲン，日付等のミス）

　　●異物混入

　　●衛生面で保証できない．（例：使用設備や器具の清掃・洗浄，殺菌・消毒ミスによる）

④　ハザード分析［8.5.1, 8.5.2］

　☆食品安全ハザードにかかわる情報（例：法規制等，製品，工程，設備，世の中の食品安全ハザードの情報）を事前に収集し，維持・更新します．

　☆フローダイアグラム（☞ 参考：第 1 章 4 ⑨ ）を作成し，現場を確認し，ハザードを特定し，許容水準を決定します．

　☆特定したハザードについて，予防すべきか，許容水準までおさえるべきかを考えます．（ハザード評価）

　☆リスクの大きさ（発生時の健康への悪影響の大きさ×発生可能性，☞ 参考：第 1 章 5 ④ ）を考慮し，すべての“重要な食品安全ハザード”を特定します．

　☆“重要な食品安全ハザード”に対する，適切な管理手段を選択します．

⑤　管理手段の妥当性確認［8.5.3］

　☆“重要な食品安全ハザード”への意図した管理を行うために，④（ハザード分析）で選択した管理手段が妥当かどうかを確認します．

　☆妥当でない場合は，管理手段を修正し，妥当性を再評価します．

⑥　ハザード管理プラン（HACCP プラン／OPRP プラン）[8.5.4]

★前述の食品安全ハザードの特定，分析，評価，管理手段の選択，管理手段の妥当性確認結果をもとに，ハザード管理プラン（HACCP プラン，OPRP プラン☞ 参考：第1章4⑧ ）を作成し，運用し，維持します．

★ハザード管理プランを見れば，次について"作業担当者が"わかるように表します．

（a）どの工程にどのような"重要な食品安全ハザード"があるか？

（b）CCP（重要管理点）はどの工程か？

（c）CCP の許容限界（CL）とそれを逸脱した場合の是正処置方法は？

（d）OPRPs（作業管理手段等）や必要な処置基準はどうか？

★CCP（重要管理点）において，許容限界（CL）を超えていないかを把握するために，また OPRPs（作業管理手段等）において，処置基準を超えていないかを把握するために，モニタリング（監視）方法を決めます．

★超えた場合の修正（暫定処置），是正処置（再発防止策）を決めます．

①ハザードと，その管理方法が一目でわかる！

②書類はあるけど，現場の運用と違うなぁ～

③絵に描いた餅のようじゃ，ウッシッシ

ハザード管理プラン

	CCP1
工程	○○加工工程
ハザード（危害要因）	
発生要因	
OPRP（作業管理手段等）	
許容限界（CL）	
モニタリング方法	
：	：

ハザード管理プランは，現場に浸透していますか？

⑦　検証計画［8.8.1］

　★検証計画では，検証活動の目的，方法，頻度，責任を明確にします．

　★PRPs（衛生管理等への取組み），ハザード管理プランが実施され，効果的かどうかを検証する方法を計画します．（検証計画）

DO（食品安全の実施）

①　食品安全の計画の実施［8.5.4.5］

　★計画したPRPs（衛生管理等への取組み），ハザード管理プランを実施し，維持します．

②　モニタリング・測定の管理［8.7］

　★計画したPRPs（衛生管理等への取組み）や，ハザード管理プランの運用にとって適切な，（a）モニタリング（監視）および測定方法，（b）その際使用する装置やソフトウェアを明確にし，実施し，維持します．

　★モニタリング・測定で用いる装置の校正や点検を実施します．

　★モニタリング・測定で用いるソフトウェアは，使用前に妥当性を確認します．

モニタリング（監視）の例	五感（視覚，聴覚，触覚，味覚，嗅覚）で，または器具（例：カメラ，センサー，顕微鏡）を用いて，製品の状況を基準と照らし合わせて判断します．
測定の例	数値化して判断します．重量，温度，時間，成分分析，微生物検査，食物アレルギー含有検査，放射能測定等を実施し，基準と照らし合わせて判断します．

③ 製品・工程の不適合の管理 [8.9]

　＊CCP（重要管理点）における許容限界（CL），OPRP（作業管理手段等）の処置基準から逸脱した場合，下記を実施します．

　　●影響を受ける製品を特定し，識別し，誤使用や誤出荷がないように管理します．☞ 参考：第6章8.9.4

　　●修正（暫定処置）の検討・実施，不適合の原因特定，是正処置（再発防止策）の検討・実施，是正処置の効果の確認を実施します．

　＊安全でない可能性がある製品を既に出荷していた場合は，顧客などの利害関係者に通知し，回収（リコール）を開始します．

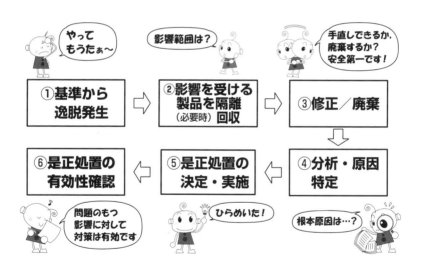

CHECK（食品安全のチェック）

① **検証活動 [8.8.1]**

　★検証計画［PRPs（衛生管理等への取組み），ハザード管理プランが実施され，効果的かどうかを検証する計画］を実行します．

　★検証活動には，最終製品や工程途中の製品のサンプル試験が含まれ，もし許容水準から逸脱し，不適合の場合は，必要な是正処置を実施します．　☞ **参考：第6章 8.9.4.3, 8.9.3**

② **検証活動の結果の分析　[8.8.2]**

　★検証結果の分析を行い，FSMS（食品安全に取り組むしくみ）のパフォーマンス評価（☞ **参考：9.1.2** ）へのインプットとします．

ACT（食品安全の改善）

① **FSMS 文書の更新 [8.6]**

　★FSMS の PDCA サイクルを推進する際，FSMS 文書を必要に応じて更新します．

FSMS 文書の例	●原料・材料・製品の特性を表す文書 　例：原料規格書，材料規格書，製品規格書 ●フローダイアグラム ● PRPs（衛生管理等への取組み）の文書 ●ハザード管理プラン ●記録で用いる様式など

9 パフォーマンス評価
(Performance evaluation)

9.1 モニタリング，測定，分析及び評価
9.2 内部監査
9.3 マネジメントレビュー

9.1 モニタリング，測定，分析及び評価

9.1.1 一　般

① FSMS（食品安全に取り組むしくみ）に関して，次の事項を決定します．

＊モニタリング（監視）・測定の対象（何を監視・測定するか）

＊モニタリング，測定，分析および評価の方法，実施時期（例：毎時，3時間ごと，毎日，毎週）

＊モニタリング・測定の結果の分析や評価の時期

② FSMS に関して，次の事項を評価します．

＊パフォーマンス（実績）の評価（例：食品安全目標に対する実績の評価，食品安全目標以外の指標に対する実績の評価）

＊FSMS の有効性の評価（例：内部監査やマネジメントレビューで FSMS が有効に機能しているかの評価）

9.1.2 分析及び評価

① PRPs（衛生管理等への取組み），食品安全ハザード管理プラン（☞ 参考：第3章8，第6章8.8，8.5.4 ）の検証活動や内部監査（☞ 参考：9.2），外部審査の結果を含めて，モニタリング・測定から得た適切なデータ・情報を分析し，評価します．

② 分析の結果は，次の事項を評価するために用います．

＊FSMS 全体のパフォーマンス（実績）が，組織が計画し，定めた FSMS 要求事項を満たしているか，FSMS の更新，改善を行う必要があるかを評価

＊安全でない可能性がある食品や工程からの逸脱に関して，より高い発生率が示す傾向を評価

＊内部監査結果の評価（監査は，監査目的に対して効果的か）

＊修正や是正処置の結果の評価（処置は効果的か）

③　分析の結果やその対応状況を記録として残します．［記録］

☞　**参考：7.5　文書化した情報**

④　その結果を，マネジメントレビュー（☞　**参考：9.3**）や FSMS の更新（☞　**参考：10.3**）へのインプットとして使用します．

9.2　内部監査

①　内部監査のねらい

★ 組織が規定した FSMS に関する要求事項に適合しているか

★ ISO 22000 の要求事項に適合しているか

★ FSMS が有効に実施され，維持されているか

②　監査プログラム（監査全体のしくみや計画）策定時は，監査対象業務プロセスの重要性，変更（例：FSMS，人，インフラ，製品・サービスの変更など），前回までの監査結果を考慮します．

③　客観性，公平性を確保して，力量のある監査員を選定します．

④　監査で発見された課題について，期限内に修正，是正処置を行います．

⑤　監査の計画や実施結果を記録として残します．［記録］

☞　**参考：7.5　文書化した情報**

9.3　マネジメントレビュー

9.3.1　一　般

①　トップマネジメント（経営層）は，FSMS（食品安全に取り組む しくみ）が適切，妥当，有効であるように，FSMS を，あらかじ め定めた間隔（例：年1回，半期に1回）でレビューします．

9.3.2　マネジメントレビューへのインプット

①　マネジメントレビュー（以下，MR）を計画，実施するときは， 下記を考慮します．

MR へのインプット	関連する ISO 22000
a）前回までの MR の結果に対する処置の状況	9.3.3
b）FSMS に関する外部課題，内部課題の変化	4.1
c）FSMS のパフォーマンス（実績）や有効性 の情報	
1）FSMS 更新活動の結果	4.4，10.3
2）モニタリング（監視）や測定結果	9.1
3）PRPs（衛生管理等への取組み）やハザー ド管理プランに関する検証活動の結果の分 析情報	9.1.2，(8.8.2)
4）不適合，是正処置情報	10.1，8.9
5）内部監査，外部審査の結果	9.2
6）（法規制等に基づく／顧客による）検査情 報	8.8，8.9.3，8.9.4， 9.1
7）外部提供者のパフォーマンス（実績）	7.1.6，9.1
8）リスク・機会，およびこれらに取り組むた めにとった処置の有効性のレビュー情報	6.1，8.9.3，10.1， 10.2
9）FSMS の目標の達成状況	9.1，(6.2)
d）資源の妥当性（例：人，教育，インフラ， 知的財産）	7

MRへのインプット	関連するISO 22000
e) 発生した緊急事態，インシデント，回収（リコール）	8.4.2，8.9，8.9.5
f) 外部・内部コミュニケーション情報（利害関係者からの要望，苦情を含む）	7.4，4.2，8.9.3，10.1
g) 継続的改善の機会	10

②　このマネジメントレビューへのインプットデータを，トップマネジメントが表明した"FSMSの目標"（6.2の食品安全目標）に関連付けた形で提出します.

9.3.3　マネジメントレビューからのアウトプット

①　マネジメントレビューからのアウトプットには，次に関する決定や対応指示を含めます.

MRからのアウトプット	関連するISO 22000
a) 継続的改善の機会（決定と処置，何を改善すべきか）	10
b) FSMSの更新・変更の必要性（特に次の事項について） 　1) FSMSに必要な経営資源（例：組織体制，人，教育，インフラ，知識，ノウハウ，業務環境，予算） 　2) 食品安全方針，FSMSの目標（改訂を含む）	 7 5.2，6.2

②　マネジメントレビューの結果を記録として残します.［記録］

☞ **参考：7.5　文書化した情報**

10　改　善
(Improvement)

10.1　不適合及び是正処置
10.2　継続的改善
10.3　食品安全マネジメントシステムの更新

10.1 不適合及び是正処置

10.1.1

① 不適合を管理します．（例：識別，隔離，誤使用を避ける）

② 不適合とその結果について修正（復旧処置，暫定処置）します．

③ 不適合の内容をレビューし，原因（根本原因）を明確にします．その際，類似の不適合の有無，発生可能性も検討します．

④ 不適合の影響に応じて，適切な規模，内容の是正処置（再発防止策，恒久処置）を実施します．

⑤ 実施したすべての是正処置が有効かどうかをレビューします．

⑥ FSMS（食品安全に取り組むしくみ）を，必要時，変更します．（例：業務プロセスや関連文書の変更）

10.1.2

不適合の内容や実施した是正処置を，記録として残します．［記録］

10.2 継続的改善

① FSMS（食品安全に取り組むしくみ）を，次の観点で継続的に改善します．

★FSMS の適切性の改善（例：FSMS の方針，ねらいに対して活動が適切に実施されるように改善）

★FSMS の妥当性の改善（例：現場の実務内容や業務担当者の力量に対して FSMS が妥当であるように改善）

★FSMS の有効性の改善［例：食品安全パフォーマンス（実績）向上により貢献できるように，また時間当たりの効率性が向上するように改善］

② 経営層は，FSMS の継続的改善を推進します．

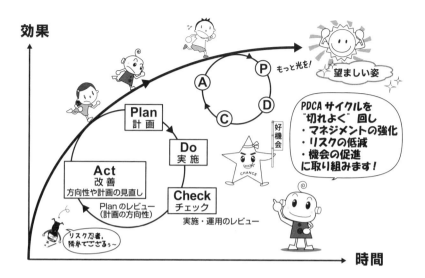

10.3　食品安全マネジメントシステムの更新

① 経営層は，FSMS の継続的な更新を推進します．

② 食品安全チームは，FSMS を事前に決めた間隔で評価します．

③ 食品安全チームは，食品安全ハザード分析（☞ **参考：第 6 章 8.5.2**），ハザード管理プラン（☞ **参考：第 6 章 8.5.4**），PRPs（衛生管理等への取組み）（☞ **参考：第 6 章 8.2**）について，見直し（改善）が必要かどうか検討します．

④ FSMS の更新活動は，内部・外部コミュニケーション，FSMS の適切性・妥当性・有効性，検証活動結果の分析，マネジメントレビューの情報に基づき実施します．
　☞ **参考：7.4，9.1.2，9.3**

⑤ マネジメントシステムの更新活動を記録として残し，またマネジメントレビューへのインプット（☞ **参考：9.3**）にします．［記録］
　☞ **参考：7.5　文書化した情報**

第**4**章

ISO/TS 22002-1
重要ポイントとワークブック

注記：本章の 4 〜 18 までは，ISO/TS 22002-1 の目次に対応しています.

1　ISO/TS 22002-1 とは？

★ ISO/TS 22002-1 は，食品製造を行うすべての組織に適用でき
　る技術仕様書です．

★ ISO/TS 22002 には，ISO/TS 22002-1（第 1 部）のほかに，
　"第 2 部 ケータリング"，"第 3 部 農業"，"第 4 部 食品容器包
　装の製造"などがあり，自社の行う業務に適切な規格を使用しま
　す．本書では，最も一般的と思われる"第 1 部 食品製造"を取
　り上げて説明します．

★ ISO 22000 の 8.2.4 に規定される PRPs（前提条件プログラム）
　を確立するための要求事項が記述されています．

★ 食品製造の作業には，様々な形態があり，ISO/TS 22002-1 に
　規定する要求事項がすべての会社の施設や工程に該当するとは限
　りませんが，ISO/TS 22002-1 に規定する要求事項を除外した
　り，代替手段を採用したりする場合には，ISO 22000 の 8.5.2
　に規定されるハザード分析によって，除外・代替手段を正当化す
　る必要があります．

代替策で対応する
場合には，
妥当性の確認が
必要だね！

2 ISO/TS 22002-1 で規定される主な用語

① 消毒（disinfection）

薬品や，高温で処理するなどの物理的な方法を用いて，食品の安全性・適切性を損なわないレベルまで微生物数を低減すること

② 清掃・洗浄（cleaning）

土，食品の残りかす，汚れ，グリースほか，好ましくない物質を除去すること

③ 殺菌・消毒（sanitizing）

殺菌・消毒を含む清掃・洗浄のための作業

④ サニテーション（sanitation）

特定の装置の清掃・洗浄や殺菌・消毒から，敷地，建物などを含む施設の定期的な清掃・洗浄活動を含む，施設の清掃・洗浄活動や，衛生的な状態を維持するためのすべての活動

⑤ 食品用グレード（food grade）

万一食品に接触した場合でも，食品の安全性に影響を与えることのない潤滑油や熱媒体

特別な意味を割り当てている用語もあるわね

3　ISO/TS 22002-1 前提条件プログラムのための要求事項

以降では，ISO/TS 22002-1 の箇条番号に沿って，重要ポイントを紹介します．

4　建物の構造と配置

4.1　一般要求事項

① 　次の項目を考慮して適切な建物を設計し，建設・保守します．

　★実際に行われる加工作業の特性

　★それらの作業に関連する食品安全ハザード

　★工場の環境からの潜在的な汚染源

② 　建物は，製品にハザードを与えない耐久性のある構造でなければなりません．

4.2　環　境

① 　近隣環境から生じる潜在的な汚染源を考慮します．

② 　食品製造は，潜在的な危険物質が製品に入ることのない区域で行います．

③ 　潜在的汚染物質から保護するためにとられる手段の有効性を，定期的にレビューします．

4.3　施設の所在地

あなたの工場の敷地について確認してみましょう．

No.	確認項目	確認
1	敷地の境界は明確になっていますか？	☐
2	敷地への入退出は管理されていますか？	☐
3	植栽は手入れをするか，撤去されていますか？	☐

4	道，構内，駐車場などに水たまりができないよう保守されていますか？	☐
5	敷地は良い状態に維持されていますか？	☐

5　施設及び作業区域の配置

5.1　一般要求事項

① 適正衛生規範（GHP：Good Hygiene Practice）や適正製造規範（GMP：Good Manufacturing Practice）に沿った運用ができるように，内部の配置を設計し，建設し，維持します．

② 潜在的な汚染源から保護されるように，材料や製品，人の動線，装置の配置を設計します．

5.2　内部の設計，配置及び動線

5.3　内部構造及び備品

① 　加工区域の壁と床は，加工，製品ハザードに見合った形で，洗浄または，清掃・洗浄ができるようにします．

② 　構造物の材料は，使用する清掃・洗浄システム（例：自動床面洗浄機）に耐えるものを選択します．

あなたの工場の内部構造や備品を確認してみましょう．

No.	確認項目	確認
1	壁と床のつなぎめ・隅は，丸みがありますか？[推奨]	☐
2	床は，水たまりを避けるように設計されていますか？	☐
3	ウェットな加工区域の床面は漏れ止め（例：床面に浸透しないための防水加工）され，排水できる構造ですか？	☐
4	排水はトラップ（悪臭や有害生物侵入防止などの処置）され，覆われていますか？	☐
5	天井や頭上の設備は，埃・結露の蓄積を最小にするよう設計されていますか？	☐
6	外部につながる窓，屋根の換気孔，換気扇には，捕虫網がありますか？	☐
7	外部につながる扉は，使用しないときには閉めるか，仕切られていますか？	☐

5.4　装置の配置

① 　適正衛生規範（GHP）に沿った運用，モニタリングを実施しやすいように，装置を設計し，配置します．

② 　作業や清掃・洗浄，保守しやすいように装置を配置します．

5.5　試験室

① 　インライン（例：Ｘ線自働検査装置），オンライン（例：温度の常時監視装置）の試験設備は，製品汚染のリスクが最小になるように管理します．

② 　細菌試験室は，直接製造区域につながらないように配置し，人，設備，製品の汚染を防止するように設計し，運用します．

5.6　一時的／移動可能な設備及びベンディングマシン

① 　有害生物の棲みかや製品の潜在的汚染につながることがないように，一時的な構造物（例：保留品の一時置き場）を，設計し，配置し，建設します．

② 　一時的な構造物やベンディングマシン（自動販売機）に関連する追加的なハザードを，評価し，管理します．

■ 作業区域の配置の例

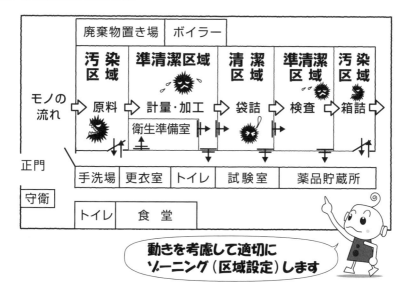

5.7　食品，包装資材，材料及び非食用化学物質の保管

① 材料や包装資材，製品を，埃や結露，排水，廃棄物，他の汚染源
から保護する保管設備を準備します.

あなたの工場の保管区域について確認してみましょう.

No.	確認項目	確認
1	保管区域は，乾燥し，換気は十分ですか？	☐
2	必要な場合，保管区域の温度や湿度のモニタリング・管理が行われていますか？	☐
3	保管区域は，原料や中間製品，最終製品を隔離できるように，設計・配置されていますか？	☐
4	すべての材料・製品は，床から離して，保管していますか？	☐
5	検査や有害生物（例：ねずみ，昆虫）の防除活動を実施するのに，十分な隙間を確保して保管していますか？	☐
6	保管区域は，汚染を防ぎ，劣化を最低限にするための保守と清掃・洗浄ができるように設計されていますか？	☐
7	清掃・洗浄剤や化学薬剤，他の危険物質のために，別の安全な（鍵がかかるか，アクセスが管理されている）保管区域を準備していますか？	☐
8	バルク（穀物，粉体など），農作物のような包装されていない原料の保管に関する例外的な取扱いは，FSMS の中で文書化されていますか？	☐

6 ユーティリティ ―空気，水，エネルギー

6.1 一般要求事項

① 製品汚染のリスクを最小にするように，加工区域や保管区域への
ユーティリティ（例：空気，水，蒸気，燃料）の備蓄・供給ルート
を設計します．

② 製品汚染のリスクを最小にするために，ユーティリティの状態
（例：温度，湿度，水質）を監視します．

蒸気

水

圧縮空気

安全な
供給経路は？

!?

ガス類

GAS

6.2　水の供給

あなたの工場の水の供給について確認してみましょう.

No.	確認項目	確認
1	飲用に適する水（飲用水）の供給量は，製造工程の需要を十分に満たしていますか？	☐
2	水の備蓄，供給，温度調節のための設備（ある場合）は，特定された水質条件（例：塩素濃度，大腸菌が検出されない）を満たすように設計されていますか？	☐
3	製品の材料として使用される水，氷，蒸気（厨房の蒸気を含む），および，製品または製品の表面と接触する水は，製品に関連して特定された品質要求事項や微生物学的要求事項（例：大腸菌群が検出されない）を満たしていますか？	☐
4	清掃・洗浄用水，間接的な製品接触（例：熱交換器や容器の保温や冷却に使用する場合）の可能性がある場合に使用する水は，特定された品質要求事項や微生物学的な要求事項を満たしていますか？	☐
5	塩素で処理された水は，使用時点の残留塩素レベルが，関連する仕様書の基準内であることを定期的に点検していますか？	☐
6	飲用不適の水は，独立した配管などで供給され，飲用不適の水であることが表示されていますか？	☐
7	飲用不適の水が，飲用水の供給システムに逆流しないような措置が実施されていますか？	☐
8	製品と接触する水は，消毒できるパイプを経由して送水されていますか？　［推奨］	☐

6.3　ボイラー用化学薬剤

① 　ボイラー用化学薬剤がある場合，次のいずれかの条件を満たすものを使用します．

　★関連する付加的な仕様を満たす，許可された食品添加物

　★人間の飲食を目的とする水で使用するために安全であると，関連する規制当局が許可した添加物

② 　ボイラー用化学薬剤は，鍵がかかるか，アクセスが管理された安全な区域で保管します．

6.4　空気の質及び換気

あなたの工場の空気の質，換気状態について確認してみましょう.

No.	確認項目	確認
1	材料，製品に直接接触して使用される空気については，濾過や，湿度（RH%），微生物学的な要求事項が決められていますか？	☐
2	温度・湿度が重要な場合，温度・湿度を管理するしくみが導入され，監視されていますか？	☐
3	過剰な，または不要な蒸気，埃，においを取り除き，湿式洗浄後（例：加工装置の水洗い）の乾燥を促すように換気されていますか？	☐
4	空中微生物からの汚染のリスクを最小にするために，室内に供給される空気の質（例：空気中の微生物数，湿度）は管理されていますか？	☐
5	微生物が発育，または生存しやすい製品が空気中にさらされる区域では，空気の質をモニタリングし管理するための手順が確立していますか？	☐
6	換気システムは，空気が汚染されたり，原材料区域から清浄区域に流れたりしないように，設計され，運用されていますか？	☐
7	換気システムは，必要な空気圧差を維持していますか？例：清浄区域，加工区域が陽圧（圧が高い）	☐
8	換気システムは，清掃・洗浄，フィルター交換，アクセスしやすいものですか？	☐
9	外気の取込み口の物理的な完全性（例：破損していないか）を定期的に調べていますか？	☐

6.5 圧縮空気及び他のガス類

製造や充てんに用いる
圧縮空気，ガス類からの汚染を防止します

6.6　照　明

作業内容に適切な
明るさを確保します

照明器具の破損による
材料や製品，装置の汚染を
予防します

衛生的に作業することができるように
明るさを確保します

7 廃棄物処理

7.1 一般要求事項

① 廃棄物による製品または製造区域の汚染を予防する方法で廃棄物を識別し，収集し，除去し，処分することを確実に実施できるように，廃棄物管理のしくみを計画し，実施します．

7.2 廃棄物及び食用に適さない，又は危険な物質の容器

あなたの工場における，廃棄物，食用に適さない物質，危険な物質には，どのようなものがありますか？

廃棄物	食用に適さない物質	危険な物質
例：生ゴミ	例：飼料等に再加工される予定の仕損じ品	例：化学薬剤

廃棄物，食用に適さない物質，危険な物質の容器は，次の条件を満たしていますか？

No.	確認項目	確認
1	意図した目的に合わせて明確に識別されている．	☐
2	指定された区域内に配置されている．	☐
3	容易に清浄化し，殺菌できる不浸透性（例：水などが染み込まない）の材質でできている．	☐
4	ただちに使用しない場合は密閉されている．	☐
5	廃棄物が製品に対し食品安全リスクとなる可能性がある場合は，施錠されている．	☐

7.3　廃棄物管理及び撤去

あなたの工場の廃棄物の管理について確認してみましょう.

No.	確認項目	確認
1	食品を取り扱う区域，保管区域では，廃棄物が堆積^{たいせき}しないよう管理されていますか？	☐
2	廃棄物は，堆積を防ぐために最低でも毎日撤去されていますか？	☐
3	廃棄することを表示した原材料や製品，印刷済み容器包装は，変形されるか，商標の再利用ができないことを確実にするために，破壊（例：破砕^{は さい}）されていますか？	☐
4	廃棄予定のものの撤去と破壊は，承認された処分業者によって行われていますか？	☐
5	破壊などの処理の記録を保持していますか？	☐

7.4　排水管及び排水

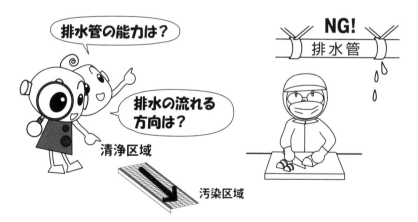

材料・製品の汚染を引き起こすことが
ないように排水管を設計・設置します

8 装置の適切性，清掃・洗浄及び保守

8.1 一般要求事項

① 食品に接触する装置は，清掃・洗浄や消毒，保守が容易にできるように設計し，製作します．

② 食品への接触面は，意図した製品や清掃・洗浄システムに影響を与えたり，影響を受けたりしないようにします．

③ 食品に接触する装置は，繰り返し行われる清掃・洗浄に耐えることのできる，耐久性のある材質で製作します．

8.2 衛生的な設計

① 次を含む衛生的な設計の原則に適合するよう，装置を設計します．

★ 滑らかで，アクセスしやすく（例：清掃・洗浄の際に容易に道具・手が届く），清掃・洗浄が可能な表面で，ウェットな加工区域では自然に排水される．

★ 素材は，目的とする製品に適切で，清掃・洗浄の方法，流路の洗浄剤に対して適切なものを使用する．

★ 穴，ナット，ボルトなどを用いた貫通する箇所のない骨組み

② 配管（パイプおよびダクト）は清掃・洗浄が可能で，排水できる構造とし，かつ一方がふさがった状態であってはなりません．

③ 装置の操作者の手と製品との接触をできる限り少なくするように設計します．

8.3 製品接触面

① 製品接触表面は，食品に使用するために設計された材質でつくられていなければなりません．

② 製品接触表面は，水などが浸透しない素材で，錆<ruby>さび</ruby>にくい，または腐食しないものを選択します．

8.4　温度管理及びモニタリング装置

① 　加熱加工には，関連する製品の仕様で示される温度勾配（例：温度の上昇・下降の速度）や保持条件に適した装置を使用します.

② 　モニタリングや温度管理の機能をもつ装置を使用します.

8.5　清掃・洗浄プラント，器具及び装置

① 　すべての機械装置や器具，装置が定められた頻度で清浄化されることを確実にするため，ウェットやドライの清掃・洗浄プログラム（清掃・洗浄のための一連の計画・方法）を文書化します.

あなたの工場の清掃・洗浄プログラムでは，次の項目が明確になっていますか？

No.	確認項目	確認
1	何を清浄化するのか （排水管も含めているか？）	☐
2	誰が責任をもつのか	☐
3	どのように清掃・洗浄するのか （例：CIP；定置洗浄，COP；分解洗浄）	☐
4	清掃・洗浄のために使用する道具 （何を使用して清掃・洗浄するのか？）	☐
5	取り外し，分解の要件 （何を取り外し，どこまで分解するのか？）	☐
6	清掃・洗浄が有効であることをどのように検証するか	☐

8.6　予防及び是正保守

① 予防保守プログラムを実施します．

［予防保守］故障や性能の劣化が生じる前に予防的に行う保守

② 予防保守プログラムには，食品安全ハザードの監視・管理に用いるすべての機器を含めます．

機器の例：スクリーンメッシュやフィルター（空気用フィルターを含む）マグネット，金属探知機，Ｘ線検知器など

③ 是正保守は，製造に隣接するライン，または装置が汚染のリスクとならないように行います．

［是正保守］故障や性能の劣化など不具合が生じてから行う保守

④ 製品の安全性にかかわる保守要求を優先させます．

⑤ 一時的な修理は，製品の安全性にリスクを与えないように考慮します．

⑥ 恒久的な修繕のための設備・機器等の更新は，保守スケジュールに含めて実施します．

⑦ 製品と直接，または間接的に接触するリスクがある場合，潤滑油や熱媒体は，食品用グレードのものを使用します．

⑧ 保守された装置で製造を再開する手順には，クリーンアップ（清掃），プロセスの殺菌・消毒手順で定められた方法による殺菌・消毒や使用前点検を含めます．

⑨ 特定区域のPRP（前提条件プログラム）要求事項は，加工区域内に設置された保守区域や保守活動にも適用されます．

⑩ 保守要員は，自分たちの活動に起因する製品ハザードについて訓練を受ける必要があります．

9　購入材料の管理（マネジメント）

9.1　一般要求事項

① 供給者が，特定された要求を満たす能力をもつことを確実にするために，食品の安全に影響を与える材料の購入を管理します．

② 受け入れる材料が，特定された購入要件の仕様を満たしていることを検証します．

9.2　供給者の選定及び管理

① 供給者（例：材料の購入先）の選定，許可とモニタリングのプロセスを定めます．

② このプロセスには，次の項目を含めます．

＊供給者の能力が，品質と食品安全への期待値，要求事項・仕様を満たすことの評価

＊どのように供給者が評価されたかに関する記述

　例：供給者を対象とした監査，適切な第三者証明

＊引き続き承認できる状態であることを保証する，供給者のパフォーマンスのモニタリング

　例：受入検査の結果，COA（分析証明書）要件への適合，監査結果などの監視

③ 最終製品に対する潜在的なリスクを含むハザード分析を実施して，供給者の選定・管理プロセスの妥当性を確認します．

9.3 受入れ材料の要求事項（原料／材料／包装資材）

仕様を満たした原料・材料・包装資材が工程に供給されることを確実にします

10　交差汚染の予防手段

10.1　一般要求事項

① 汚染を防止し，管理し，検知するためのプログラムを計画し，実施します．

② このプログラムには，物理的，アレルゲン，微生物学的汚染を防止するための手段を含みます．

10.2　微生物学的交差汚染

① 潜在的に微生物学的な交差汚染が存在する区域（空気由来，または動線から）は，識別し，分離する（ゾーニング）計画を実施します．

② ハザード評価を実施して，潜在的な汚染源，製品の感受性（影響の受けやすさ）やその区域に適切な，次のような管理手段を決定します．

　★最終製品・そのまま食べられる製品からの原料の分離

　★構造的分離（物理的な障壁，壁，建物の分離）

　★指定された作業着への着替えを要求するアクセス管理

　★動線，または装置の分離［人々や材料，装置，器具（専用のツールの使用を含む）］

　★空気圧差

10.3　アレルゲンの管理

① 製品に含まれるアレルゲンを明示します．これには，設計上製品に含まれるもの，製造時の交差接触により生じる可能性のあるものを含めます．

② 消費者向け製品の場合はラベル（表示）に，更に加工される製品の場合はラベル（表示）または添付文書にアレルゲンを明示します．

③ 清掃・洗浄やラインの交代手順，製造順序による意図しない交差接触から，製品を保護します.

　製造による交差接触は，次のような場合に生じます.

★ 技術的な限界により，以前製造した製品に含まれるアレルゲンを製品ラインから完全には取り除くことができないとき

★ 正常な製造工程において，別のラインや，同じ，または隣接する加工区域で製造された製品・材料との接触が起きる可能性があるとき

④ アレルゲンを含む手直しは，次の場合にのみ実施できます.

★ 設計上同じアレルゲンを含む製品

★ アレルギーを起こす材料を除去するか，破壊することが実証される工程を通過する.

⑤ 食品を取り扱う従業員は，アレルゲンの認識や製造手順に関する特定の訓練を受けることが推奨されます.

10.4　物理的汚染

11　清掃・洗浄及び殺菌・消毒

11.1　一般要求事項

①　清掃・洗浄，殺菌・消毒プログラムを確立し，食品加工装置や環境が衛生的な状態に維持されることを確実にします．

②　このプログラムの適合性と有効性を継続して監視します．

11.2　清掃・洗浄及び殺菌・消毒用のための薬剤及び道具

清掃などに用いる道具・装置・薬剤の 適切な選定・正しい管理が重要です

11.3　清掃・洗浄及び殺菌・消毒プログラム

① 　清掃・洗浄装置の清掃・洗浄も含めて，施設や装置のすべての部分について，決められたスケジュールで清掃・洗浄，殺菌・消毒するための，清掃・洗浄，殺菌・消毒の計画・手順を構築し，その妥当性を確認します．

　あなたの工場の清掃・洗浄，殺菌・消毒プログラムには，次の項目が含まれていますか？　確認してみましょう．

No.	確認項目	確認
1	清掃・洗浄，殺菌・消毒される区域，装置，用具名	☐
2	各作業に対する責任	☐
3	清掃・洗浄，殺菌・消毒の方法と頻度	☐
4	モニタリング（監視）・検証の手順	☐
5	清掃・洗浄，殺菌・消毒後の通常業務開始前の点検	☐

11.4　CIP システム（定位置洗浄システム）

① 　CIP システムは，稼働中の製造ラインから分離します．

② 　CIP システムのためのパラメータ（変動要素）を，特定し，監視します．（パラメータには，使用するあらゆる化学物質の種類や濃度，接触時間，温度を含む．）

11.5　サニテーションの有効性のモニタリング

① 　清掃・洗浄およびサニテーションプログラム（サニテーションのための一連の計画・手順）の継続的な適合性・有効性を確実にするために，特定した頻度で監視します．

12　有害生物 [そ(鼠)族，昆虫等] の防除

12.1　一般要求事項

① 有害生物の活動を誘引する環境を作り出すことがないように，衛生，清掃・洗浄，受け入れ材料の検査，モニタリング手順を実施します.

12.2　有害生物の防除プログラム

① 施設において，有害生物の防除活動（寄せつけない，駆除するための活動）を管理する人，契約専門家に対応する人を指名します.

② 有害生物の防除管理プログラム（計画・手順）は，標的となる有害生物の特定，実施計画，実施方法，スケジュール，管理手順や，必要な場合には，訓練に関する要求事項を含めて，文書化します.

③ プログラムには，施設の指定された区域で使用するための，承認された化学薬剤のリストを含めます.

12.3　アクセス（侵入）の予防

① 建物は，十分に手入れします.

② 穴や排水管，その他の潜在的な有害生物の侵入経路をふさぎます.

③ 外部につながる扉，窓，または換気装置の開口部は，有害生物侵入の可能性を最低限にするように設計します.

12.4　棲みか及び出現

① 有害生物に食物と水を与える可能性を最小にするように，保管の方法を設計し，保管します.

② 被害を受けたことがわかった材料は，他の材料，製品，施設の汚染につながることのないように取り扱います.

③ 有害生物の棲みかになる可能性のあるもの（例えば，穴，植栽，

保管品）は取り除きます.

④　外部空間で保管する場合は，天候や有害生物による損害（例：鳥のふん）などから保護します.

12.5　モニタリング及び検知

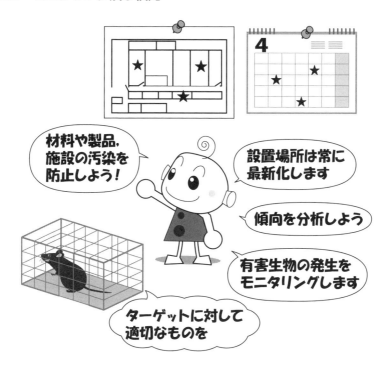

12.6　駆　除

①　出現の痕跡が見つかった場合，速やかに駆除活動を行います.

②　殺そ（鼠）・殺虫剤は，訓練された熟練者だけが使用し，製品安全ハザードを避けるように管理します.

③　使用した殺そ・殺虫剤の種類や量，使用濃度の記録を維持します.（どこで，いつ，どのように適用されたか，対象有害生物は何か）

13　要員の衛生及び従業員のための施設

13.1　一般要求事項

① 　加工区域や製品にもたらすハザードに関連する，人の衛生と行動に対する制約・決まりごとを，決定して文書化します．

② 　すべての要員，訪問客，契約者に，文書化した制約・決まりごとに従った行動などを要請します．

13.2　要員の衛生の施設及び便所

使いやすい衛生施設，トイレの設計・配置が衛生管理の基本です

あなたの工場の衛生の設備や便所について確認してみましょう.

No.	確認項目	確認
1	十分な数,適切な配置で,手を衛生的に洗い,乾燥し,必要な場合,殺菌・洗浄する手段を提供している.	☐
2	食品や装置の清掃・洗浄場所とは別で,手動ではない手洗い用のシンクである.	☐
3	十分な数の適切な衛生的設計のトイレがある.	☐
4	トイレには,手洗い・乾燥設備があり,必要な場合には,殺菌・消毒設備がある.	☐
5	従業員衛生施設は,製造,包装,または保管区域に直接つながっていない.	☐
6	要員のための十分な更衣室がある.	☐
7	更衣室は,仕事着を汚染することなく製造区域に移動できる場所にある.	☐

13.3　社員食堂及び飲食場所の指定

①　社員食堂や,従業員が食品を保管したり食べたりできる区域は,製造区域に対する潜在的な交差汚染が最小となるように配置します.

②　社員食堂は,材料や調理されたものを衛生的に保管し,調理済みの食品の保管や提供を確実に実施できるように管理します.

③　社員食堂における食材などの保管条件,ならびに,保管,調理,保持の温度や制限時間を決定します.

④　従業員自身の飲食物は,指定された区域だけで保管し,消費します.

13.4　作業着及び保護着

① むき出しの製品や材料を取り扱う区域に入る要員は，目的に合った清潔で良好な状態の作業着を着用します.

手洗いと正しい服装は食品安全の基本です

13.5　健康状態

①　従業員は，食品に触れる作業（ケータリングを含む）に関する雇用に先立って，健康診断を受けなければなりません．

②　法規制等で認められた範囲において，組織によって定められた間隔で更なる健康診断を実施します．

13.6　疾病及び傷害

①　（法律で許される場合）食品を取り扱う区域への立ち入りを制限することを可能にするために，従業員は，以下の状況を報告します．

★黄疸，下痢，嘔吐，発熱，発熱を伴うのどの痛み

★吹き出物，傷，ただれなどの目に見える感染性皮膚障害

★耳，目，または鼻からの分泌物

②　食品を介して伝染する病気に感染している（保菌者を含む）または，感染が疑われる者は，食品・食品に接触する食品材料の取扱いを行うことはできません．

③　食品取扱い区域では，傷またはやけどがある場合，定められた絆創膏（鮮明に色分けし，金属探知できることが望ましい）で覆います．

④　絆創膏を紛失した場合は，ただちに監督者に報告します．

13.7　人の清潔度

①　製造区域の要員は，手洗いをしなければなりません．また，必要に応じて手を殺菌・消毒します．

②　要員は，材料・製品の上で，くしゃみ・咳をすることは控えなければなりません．また，つばを吐いてはいけません．

③　指の爪は清潔に整えておきます．

あなたの工場では，次のような場面で手洗い（必要な場合には，殺菌・消毒を含む．）を実施することが規定されていますか？

No.	確認項目	確認
1	あらゆる食品を取り扱う活動を始める前	☐
2	トイレを使った直後，鼻をかんだ直後	☐
3	あらゆる潜在的に汚染された材料を取り扱った直後	☐

13.8　人の行動

① 加工，包装および保管区域における要員の行動方針を規定し，文書化します．

あなたの会社の行動方針には，以下の事項が含まれていますか？

No.	確認項目	確認
1	喫煙，飲食場所の指定	☐
2	外すことのできない装身具（例：宗教的，民族的，医学的，文化的なもの）によるハザードを最小にするための管理手段	☐
3	指定された場所でのみ，喫煙具，薬のような身の回り品が許可されること	☐
4	マニキュア，つけ爪，つけまつげ使用の禁止	☐
5	耳の後ろに筆記用具をはさむことの禁止	☐
6	個人ロッカーをゴミや汚れた衣類から保護するための保守	☐
7	製品に接触する道具や装置を個人ロッカーに保管しないこと	☐

14 手直し

14.1 一般要求事項

① 手直し品は，製品の安全性や品質，トレーサビリティ，法令順守を維持できる方法で，保管し，取り扱い，使用します．

14.2 保管，識別及びトレーサビリティ

① 保管された手直し品は，微生物的，化学的，または異物汚染にさらされないように保護します．

② 手直し品（例：アレルゲン）のための隔離要件を，文書化し，かつそれを満たすよう管理します．

③ 手直し品は，明確に識別し，トレース（追跡）できるように表示します．

④ 手直し品のためのトレーサビリティの記録を維持します．

⑤ 手直し品の分類，または手直しを指示した理由を記録します．

例：製品の名称，製造日，シフト，原因となったライン，製品寿命期間（シェルフライフ）

14.3 手直し（品）の使用

① 手直し品が，"加工工程の"ステップとして製品に取り込まれる場合，許容できる量やタイプ，手直し品使用の条件を特定します．

② 工程のステップや追加方法は，あらゆる必要な前処理加工段階を含めて明確にします．

③ 充填された，または包装された製品を取り出して手直しする場合は，包装資材の除去や隔離を確実にし，異物による製品の汚染を防止するように管理します．

15 製品のリコール手順

15.1 一般要求事項

① サプライチェーンのすべての必要なポイントから，食品安全基準の要求事項を満たすことに失敗した製品を識別し，その場所を特定し，取り除くことを確実に行えるシステムを計画し，実施します．

15.2 製品のリコール要求事項

① リコール発生の際の，鍵となる連絡・報告先リストを維持します．

② 製品が直接的な健康ハザードのために回収される場合，同じ条件で生産される他の製品の安全性も評価します．

③ 警告を公表する必要性を考慮します．

確実に回収できる体制づくりが大事です

16 倉庫保管

16.1 一般要求事項

① 材料や製品は，埃，結露，煙，におい，または他の汚染源から保護されている，清潔で乾燥した換気の良い場所に保管します．

16.2 倉庫保管の要求事項

あなたの工場の倉庫保管について確認してみましょう．

No.	確認項目	確認
1	要求される場合，製品，倉庫保管に関して，保管の温度，湿度，その他の環境条件の適切な管理が行われていますか？	☐
2	製品を積み重ねて保管している場合，下段の製品を保護する対策が実施されていますか？ ［推奨］	☐
3	廃棄物，化学薬剤（清掃・洗浄用品，潤滑油，殺そ・殺虫剤など）は，別々に保管されていますか？	☐
4	不適合として識別された材料を隔離するための区域，または他の手段が提供されていますか？	☐
5	定められた先入れ先出し（FIFO），賞味期限順先出し（FEFO）の運用を監視していますか？	☐
6	食品材料・製品保管区域では，ガソリン，ディーゼルのフォークリフトの使用を禁止していますか？	☐

16.3　車両，輸送車及びコンテナ

製品輸送時の汚染防止も確実に

17　製品情報及び消費者の認識

①　消費者がその重要性を理解し，情報に基づく選択を行えるように，消費者に情報を提供します．

②　情報は，製品への表示，または，会社のウェブサイトや広告等の他の手段で提供することもでき，製品に適用される保管，調整，提供の仕方を含むこともできます．

適切かつ正確な表示が信頼の要です

18　食品防御，バイオビジランス及びバイオテロリズム

18.1　一般要求事項

①　各施設において，サボタージュ（意図的な不実施，手抜き），破壊行為，またはテロ行為が発生した場合に，製品に生じるハザードを評価し，適切な予防手段を講じます．

18.2　アクセス管理

①　施設の中の攻撃を受ける可能性のある区域を，識別し，地図にして，アクセス（入退出）を管理します．

②　実行可能な場合には，鍵，電子カードなどのシステムを利用してアクセスを物理的に制限します．

意図的な妨害の可能性を評価し，予防のための対策を実施します！

第5章

FSSC 22000 第6.0版
追加要求事項

注記：2.5.1 から 2.5.18 は，"FSSC 22000 スキーム第 6.0 版
　　　パート 2　審査対象組織に対する要求事項" の目次に対
　　　応しています．

1　FSSC 22000 とは？

☆ FSSC 22000 は，オランダの食品安全認証財団（FFSC：The Foundation for Food Safety Certification)によって開発された認証制度で，国際食品安全イニシアチブ(GFSI：Global Food Safety Initiative）によって認められた認証制度のひとつです．

☆ 多くの食品安全に関する認証のしくみがある中で，GFSI は，"いつでもどこでも安全な食を"をビジョンに掲げ，消費者と認証を受ける組織のために "一度認証を受けると，どこでも認められる" 認証制度を運用することを目指しています．

☆ このような背景から，FSSC 22000 は，世界基準の厳しい食品安全管理が求められる企業を中心に普及しています．

☆ FSSC 22000 の認証のためには，ISO 22000 に基づく食品安全マネジメントシステム（FSMS）を構築・運用するとともに，ISO 22000 の 8.2 で言及されている前提条件プログラム（PRP）を詳述した技術仕様を適用させ，さらに FSSC 22000 追加要求事項を満たす必要があります．

2　（サブ）カテゴリ

　FSSC 22000 の追加要求事項には，ISO 22003-1:2022 で定義されたカテゴリに沿って整理された特定の業態 [（サブ）カテゴリ] にだけ適用される要求事項も規定されています（108 ページ表 1 参照）．

3　FSSC 22000 で使用される用語

① 　環境モニタリング（environmental monitoring）
　製造環境による汚染防止のための管理手段の有効性を評価するプログラム（一連の計画・手順）

② 　食品防御（food defense）

汚染または危険な製品につながる，故意の，悪意ある，あらゆる形態攻撃から食品や飲料のセキュリティを確実にするための活動

③ **食品偽装**（food fraud）

食品，食品成分，食品包装，ラベリング，製品情報の意図的なすり替え，添加，異物混入または不実表示もしくは経済的利益を目的にした，消費者の健康に影響しかねない製品に加えられた虚偽の，または誤解を与える表示などを総括した表現

④ **脅威**（threat）

対応しなければ消費者の健康に影響しかねないギャップまたは欠陥と見なされる食品防御行為（妨害行為，悪意ある異物混入，不満をもつ従業員，テロ活動）に対する脆さ（弱み）または暴露（実際に起こってしまうこと）

⑤ **ぜい弱性**（vulnerability）

対応しなければ消費者の健康に影響しかねないギャップまたは欠陥と見なされる，すべてのタイプの食品偽装に対する脆さまたは暴露

4　FSSC 22000 追加要求事項

以降では，"FSSC 22000 スキーム第 6.0 版　パート 2　審査対象組織に対する要求事項"の箇条番号に沿って，重要ポイントを紹介します．

2.5.1　サービスと購入資材の管理　[全]

① 食品安全の検証・妥当性確認のため外部の試験所分析サービスを使用する場合には，妥当性が確認された試験方法やベストプラクティス（実績のある良い方法）を利用して，正確で再現性のある結果を出すことのできる試験所を選定し，分析を委託します．

② 緊急事態の調達の場合でも，製品が指定の要求事項に適合し，サプライヤの評価が行われるように手順書を用意します．[C], [D], [I],

　FⅡ, G, K]

③　動物，魚，海産物の調達において使用禁止物質（医薬品，動物用医薬品，重金属，殺虫剤のなどの使用禁止物質に関する方針を策定します．[C 0, C Ⅰ, C Ⅲ, C Ⅳ]

④　食品安全，品質，法的および顧客要求事項に対する継続的な適合性のため，原材料および最終製品の使用に対するレビュープロセスを確立し，実施し，維持します．[C, D, I, F Ⅱ, G, K]

⑤　最終包装材の製造に投入される原材料としてのリサイクル包装材の使用に関する基準を決めて運用を行い，関連する法的要求事項や顧客要求事項を確実に満たすようにします．

2.5.2　製品のラベリング及び印刷物　[全]

①　その製品の販売先が予定されている国の該当するすべての食品安全（アレルゲンを含む）に関する法令・規制要求事項に従って最終製品にラベルを貼付します．

②　ラベル貼付しない製品の場合，顧客や消費者が，食品を安全に利用するために必要なすべての情報が入手できるようにします．

③　製品のラベルや包装にアレルゲン，栄養，製造方法・加工・流通過程，原材料の状態などの強調表示を行う場合，その表示を裏付ける検証や証拠を保持して，製品の完全性を維持できるように，トレーサビリティや質量バランスを含めた検証システムを導入します．

④　適用される顧客および法的要求事項を満たすことを確実にするためにアートワークマネジメント（印刷物のさし絵や図版などの管理方法）及び印刷管理手順を確立して，実施します．この手順には，FSSC 22000 追加要求事項で規定されるアートワーク基準やマスター承認の手順や印刷仕様の変更の管理，古くなったアートワークや印刷素材などを管理するプロセスなど最低限対応すべき事項を含

める必要があります．[Ⅰ]

2.5.3　食品防御　[全]

2.5.3.1　脅威の評価

① 　工程や製品に関する潜在的な脅威を特定して，評価するため手順を決めて，食品防御の脅威評価を実施し，その評価結果も含めて文書化します．

② 　重大な脅威に対する軽減方策を検討して，実施します．

2.5.3.2　計画書

① 　脅威評価の結果を受けて，軽減方策と検証手順を決定し，食品防御計画を文書化します．

② 　食品防御計画は，FSMS の中で確実に実施します．

③ 　食品防御計画は，適用される法令を満たすように，そして適用範囲内の工程と製品を対象にして，最新の状態で管理します．

④ 　上記に加えサプライヤにも食品防御計画を立案し，実施してもらいます．[F Ⅱ]

2.5.4　食品偽装の軽減　[全]

2.5.4.1　脆弱性評価

① 　食品偽装に関する潜在的な弱点（脆弱性）を特定して，評価するための手順とその評価結果を文書化します．

② 　適用範囲内の工程および製品を対象に弱点の評価を行って，弱点の補強方法を検討して，実施します．

2.5.4.2　計画書

① 　弱点の評価の結果に基づいて，軽減方策と検証手順を策定し，食

品偽装軽減計画書を作成します.

②　作成した食品偽装軽減計画書は, FSMS の中で確実に実施します.

③　食品防御計画書は, 適用される法令を満たすように, そして適用範囲内の工程と製品を対象にして, 最新の状態で管理します.

④　上記に加えてサプライヤにも食品偽装軽減計画を策定し, 実施してもらいます.　[[F Ⅱ]]

2.5.5　ロゴの使用　[全]

①　FSSC 22000 のロゴを使用するときには, 製品やプロセス (工程), サービスについて承認されたと誤解を与えることがないように, 指定された条件・仕様に従って表示します.

2.5.6　アレルゲンの管理　[全]

次の項目を含むアレルゲン管理計画書を作成します.

(a) 原材料から最終製品まで, 現場で取り扱うすべてのアレルゲンのリスト

(b) アレルゲンの交差汚染の原因すべてに関するリスク評価

(c) リスク評価の結果に基づく, リスクの低減または排除のための管理処置の特定と実施します.

(d) それぞれのリスクの特性に応じて, 特定されたリスク管理の処置の妥当性確認と検証方法を文書化し, 実施します.

(e) 必要な管理措置をすべて実施したうえリスク評価を実施して, まだ交差汚染が消費者に対するリスクであると判断された場合には, 予防ラベルまたは警告ラベルを使用します.

(f) すべての要員に対して, アレルゲンの認識に関する研修と, 各自の作業に関連するアレルゲンの管理対策に関する特別な研修を

実施します.

- (g) アレルゲン管理計画は,少なくとも年1回見直し,業界の傾向など様々な変化を考慮または先取りして見直しします.
- (h) 動物飼料の販売国にアレルゲン関連の法律がない場合などこのセクションについて「非該当」と表示することができます. [D]

2.5.7　環境モニタリング [BⅢ, C, I, K]

次のものを備えます.

- (a) リスクに基づく環境モニタリングプログラム.このプログラムは,少なくとも年に1回および状況の変化や傾向に応じて必要な場合,依然として有効性であることを確認します.
- (b) 製造環境による汚染を防止するためのすべての管理手段の有効性を評価するための手順書.この手順書には,少なくとも現在適用している微生物やアレルゲン管理手段の評価を含めます.
- (c) 定期的な傾向分析を含むモニタリング活動データ

2.5.8　食品の安全と品質の文化 [全]

- ① ISO 22000:2018 の要求事項に加えて,積極的な食品の安全と品質の文化を育成するために,上級管理者は,食品の安全と品質文化の目標を設定し,マネジメントシステムに取り込み実施します.この取組みには以下のようなものを含めます.コミュニケーション,教育訓練,従業員からのフィードバックと積極的な参加,関連する活動の実績の測定.
- ② この取組みは,目標とその達成に向けた日程を含めて,食品安全と品質文化計画書に反映し,マネジメントレビューなどを通して継続的な改善を図ります.

2.5.9　品質管理　[全]

① 以下の事項を実施します.

(a)（食品安全面に加えて）品質方針,品質目標を明確化して,達成に向けて運用し,維持します. ☞ **参考：ISO 22000 5.2, 6.2**

(b) 最終製品の仕様 [例：味, 香り, 安全性, 消費／賞味期限, 食感（舌触り, 口溶け）, 食べやすさ, デザイン, 品質管理項目, 試験項目等] に沿った品質管理パラメータ（指標等）の結果を分析・評価し, マネジメントレビューへのインプットとします.

(c) 内部監査では品質の要素も確認します. ☞ **参考：ISO 22000 9.2**

② 適用される顧客要求事項・法的要求事項を確実に満たすために, 数値項目（単位, 重量, 体積等）を管理する手順を明確化し, 運用します. その数値項目の管理に用いる計測器を校正・検証します.

③ ラインの立ち上げや切り替えを行う際, 製品の包装材料や表示等に関する対応手順を明確化し, 運用します. その際, 前回稼働時の表示や包装材料がラインから確実に取り除かれるように管理します.

[補足事項]

＊食品関連企業は, 組織の目的（例：企業理念, 経営方針等）達成に向けて, 食品安全のみではなく, 食品安全を含めた品質全般にも留意し, リスクマネジメントすべきという考え方から, 本箇条が表されていると考えます. ☞ **参考：書籍『見るみる ISO 9001』**

2.5.10　輸送, 保管及び倉庫　[全]

① 先入れ先出し（FIFO）の要求事項や, 先消費先出し（FEFO）原則を含む在庫回転システムを確立し, 運用します.

② と殺後の冷蔵や冷凍に関する時間と温度を決め, 管理します.

[C 0]

③ BSI/PAS 221:2013（食品小売業における食品安全のための前提条件プログラム）の 9.3 に加えて，汚染の可能性を最小化する条件で製品を輸送・配達します． [F I]

④ 最終製品または原材料の輸送にタンカーを使用する場合には，ISO 22000:2018 の 8.2.4 に加え，交差汚染を防止し，製品の安全性を確保するための洗浄およびその結果の検証や妥当性の確認などの管理を行います．

2.5.11　ハザード管理と交差汚染防止対策 [全ただし F II を除く]

① 保存期間の延長など機能的効果をもつ包装について，具体的な要求事項を特定します． [B III, C, I]

② 人が消費する目的に適したものであることを保証するために，家畜の一時収容所や解体所における検査プロセスに対して，具体的な要求事項を特定します． [C 0]

③ 動物の健康に悪影響を及ぼす可能性のある成分を含んだ原料／添加物の使用を管理する手順を定めます． [D]

④ 異物管理のための管理体制を整備します．これには，異物検出装置の必要性と種類を特定するためのリスク評価，それらの機器の管理および使用に関する文書化した手順，潜在的な物理的汚染に関連する破損の管理手順を含めます． [全ただし F II を除く]

2.5.12　PRP 検証 [B III, C, D, G, I, K]

① サイト（場所・拠点），製造環境，処理設備が食品安全性のために適切な状態を維持していることを検証するために，サイト検査／PRP チェックを決定し，実施します．この検査／チェックの頻度および内容は，決められたサンプリング条件でのリスクに対して適

切でかつ，関連する技術標準に基づくものでなければなりません.

2.5.13　製品設計及び開発　[B Ⅲ, C, D, E, F, I, K]

安全で合法的な製品を製造するために，新製品の開発や製品・製造プロセスを変更に関する製品設計・開発の手順を決定めて，実施します. この手順には，次の項目を含めます.

(a) アレルゲンを含む，食品安全性ハザードおよびハザード分析の見直し結果を考慮した FSMS の変更の影響についての評価

(b) 新製品と既存製品及び工程に対するプロセスフローへの影響についての考察

(c) 必要となる設備・機器などのリソース及び訓練

(d) 機器および保守に関する要求事項

(e) 製品処方とプロセス（工程）が安全な製品を製造し，顧客要求事項を満たしていることを検証するための製造試験やシェルフライフ試験を実施する必要性

(f) すぐに調理できる製品を製造する場合には，食品の安全性を維持するための製品表示や包装に記載された調理手順の検証

2.5.14　健康状態　[D]

① 飼料製造業務が働く人の健康に有害な影響を与えることがないことを確認する手順を決めて実行します.

② 文書化された危険源や医学的評価に特別な決め事がある場合以外は，雇用され，飼料に触れる業務を行う前に医療審査を受ける必要があります.

③ 追加の健康診断が認められる場合には，自社が定めた頻度および必要に応じて実施します.

2.5.15 設備管理 [全ただしⒻⅡを除く]

① 衛生的な設計，適用される法的要求事項・顧客要求事項，取り扱う製品を考慮した設備の使用目的に対して適切な購入仕様を記述した文書を作成し，サプライヤから購入仕様を満たしている証拠を取得します．

② リスクに基づく，設備の新設・変更の手順を決定し，実施します．新設／変更の場合には，試運転が成功したことの証拠を残し，既存のシステムに与える影響を評価し，適切に管理します．

2.5.16 食品ロス及び廃棄物 [全ただしⒾを除く]

① 自社および関連サプライチェーンにおける食品ロスと廃棄物を削減するための戦略を詳述した方針と目標を策定し，文書化します．

② 非営利団体，従業員，その他の組織に寄付した製品を管理するための施策を整備して，寄付した製品が安全に消費されるようにします．

③ 動物の飼料／食品として利用する余剰製品や副産物を管理し，これらの製品の汚染を防止します．

④ 食品ロス及び廃棄物管理の工程は，適用される法令に準拠して，常に最新の状態に保ち，食品の安全性に影響を及ぼさないようにします．

2.5.17 コミュニケーションの要求事項 [全]

食品安全問題や認証状態に影響を与える事案や，その可能性のある事象が発生した場合には，3営業日以内に認証機関に通知し，緊急事態への準備および対応プロセスの一貫として適切な対策を実施します．

2.5.18 多サイト認証を行う組織での要求事項 [Ⓔ, Ⓕ, Ⓖ]

① 中央の業務管理では，管理者，内部監査者，内部監査を検証する

　　技術担当者などの FSMS に従事する責任者の役割などを明確に規定し，十分なリソースを配分します.

②　その他，内部監査年間計画，手順は，中央の業務で確立することなど，内部監査の頻度，内部監査員の作業経験，力量，報告，レビュー・評価などに関する詳細な要求事項が追加されています.

表 1　FSSC 22000 における（サブ）カテゴリ

本書の表記	FSSC 22000 におけるフードチェーン（サブ）カテゴリ		
	カテゴリ	サブカテゴリ	説明
B	B	B Ⅲ	植物製品の前工程の取扱い
C 0		C 0	動物——一次転換
C Ⅰ		C Ⅰ	傷みやすい動物性製品の加工
C Ⅱ	C	C Ⅱ	傷みやすい植物由来の製品の加工
C Ⅲ		C Ⅲ	傷みやすい動物性及び植物性製品の加工（混合製品）
C Ⅳ		C Ⅳ	常温保存製品の加工
D	D	D	飼料及び動物用食品の加工
E	E	E	ケータリング／給食業務
F Ⅰ	F	F Ⅰ	小売／卸売／電子商取引
F Ⅱ		F Ⅱ	仲買業／取引／電子商取引
G	G	G	輸送及び保管業務
Ⅰ	Ⅰ	Ⅰ	包装資材の製造
K	K	K	バイオ／化学製品の製造
全	—	—	上記のすべてのカテゴリ

第**6**章

資料編

1　チェックポイント（抜粋）ISO 22000 "8 運用"

> ＊本章は，HACCP（ハサップ，ハセップ）の考え方を中心とした，ISO 22000 "8 運用" の重要ポイントについて，**食品安全チームが中心となり，食品安全のしくみを整備する際の主な留意事項（抜粋）**をチェックリスト形式でまとめています．

> ＊"整備" の列の ☑ 欄は，主に文書化等のしくみの整備ができているか，また "運用" の列の ☑ 欄は，現場にしくみが浸透し，適切に運用されているかの確認にご利用ください．

> ＊参考情報として，ISO 22000 の関連する箇条番号を文中に（X.X）と補記し，また，文書化・記録に関連する箇所に "☞ **参考：7.5 文書化した情報** " マークを示すことがあります．

■ ISO 22000　8　運用（Operation）

	確認項目	整備☑	運用☑
8.1	**運用の計画及び管理**		
1	安全な食品を作り，お客様に提供するため，そして 6.1 で決めたリスク・機会への取組みを行うために，必要なプロセス（工程等）を整備，運用，管理，更新します．	—	—
8.2	**前提条件プログラム**（衛生管理等への取組み） [Prerequisite programmes（PRPs）]		
1	"PRPs（衛生管理等への取組み，前提条件プログラム）" は次の事項を考慮して整備，運用していますか？ ① 作業区域の設定 ② 設備，従業者用施設（例：トイレ）の配置 ③ 従業者の衛生管理活動（例：手洗い，専用作業服の正しい着用） ④ 施設，設備，器具の清掃・洗浄，殺菌・消毒 ☞ **参考：第 4 章**	① ☐ ② ☐ ③ ☐ ④ ☐	① ☐ ② ☐ ③ ☐ ④ ☐

確認項目	整備☑	運用☑
8.3　トレーサビリティシステム（追跡するしくみ）		
1　原材料〜食品加工工程〜最終製品の出荷，その先の流通経路（輸送，販売，消費等）の中で，自社が管理できる範囲の "トレーサビリティシステム（追跡するしくみ）" について ① 整備，運用していますか？ ② 有効かどうかをテストしていますか？ ［補足］ 　例えば，いざというときには自社が定めるトレースのキー（食材名，ロット No.，包装機 No. など）をもとに流通経路を追跡でき，製品の回収範囲を特定できますか？	① ☐ ② ☐	① ☐ ② ☐
2　"トレーサビリティシステム" に必要な証拠を，定めた期間，記録として残していますか？［記録］ ☞ **参考：7.5　文書化した情報**	☐	☐
8.4　緊急事態への準備及び対応 **8.4.1　一　般** **8.4.2　緊急事態及びインシデントの処理**		
1　食品安全活動や，フードチェーン（流通経路等）に関連しそうな ① 潜在的緊急事態（※） ② インシデント（危なそうなことなど） への対応手順を整備していますか？ （※）潜在的緊急事態またはインシデントの例 　自然災害（例：地震，津波，風水害，猛暑），停電，バイオテロ，作業場での事故（例：異物混入），計画外のアレルゲンの混入等により，製品回収を行う場合	① ☐ ② ☐	① ☐ ② ☐
2　上記1の対応手順を（必要時）定期的にテストしていますか？	☐	☐

	確認項目	整備☑	運用☑
3	緊急事態やインシデント，潜在的な食品安全への影響の度合いに応じた処置をとり，必要なテストを行い，その後レビューし，関連する情報を文書化し，更新していますか？［文書化］ ☞ **参考：7.5　文書化した情報**	☐	☐

8.5　ハザードの管理
8.5.1　ハザード分析を可能にする予備段階
8.5.1.1　一　般

1	食品安全ハザード分析前に，以下の分析に必要な情報を収集，維持，更新します． ① 適用される食品安全法規制等 ② 顧客要求事項 ③ 製品，工程，装置 ④ 食品安全ハザード	―	―

8.5.1.2　原料，材料，製品に接触する材料の特性

1	食品安全ハザード分析に備えて，すべての原料，材料，製品に接触する材料について，以下の情報等を文書化し，維持していますか？［文書化］ ① 食品安全法規制等の食品安全要求事項 ② 生物的，化学的，物理的特性 ③ 配合された材料（添加物，加工助剤を含む） ④ 原産地（出所），生産方法，保管条件 ⑤ 貯蔵寿命期間（シェルフライフ） ☞ **参考：7.5　文書化した情報**	① ☐ ② ☐ ③ ☐ ④ ☐ ⑤ ☐	① ☐ ② ☐ ③ ☐ ④ ☐ ⑤ ☐

8.5.1.3　最終製品の特性

1	すべての最終製品の特性について，次の情報を文書化し，維持していますか？［文書化］ ① 適用される食品安全法規制等 ② 組成 ③ 食品安全に関わる生物的，化学的，物理的特性 ④ 意図した貯蔵寿命期間，保管条件，包装 ⑤ 表示，取扱いや調理，意図した用途に関する説明	① ☐ ② ☐ ③ ☐ ④ ☐ ⑤ ☐	① ☐ ② ☐ ③ ☐ ④ ☐ ⑤ ☐

確認項目	整備☑	運用☑
⑥ 流通，配送方法 ☞ **参考：7.5 文書化した情報**	⑥ ☐	⑥ ☐

8.5.1.4　意図した用途

1	"意図した用途" には，以下を考慮していますか？ ① 合理的に予測される最終製品の取扱い ② 最終製品の，意図しないが合理的に予測される 　すべての誤った取扱い（例：保管温度の誤り）， 　誤使用（例：加熱用を生で使用）	① ☐ ② ☐	① ☐ ② ☐
2	ハザード分析（8.5.2）を実施するために，"意図した用途" を必要な範囲で，文書化し，維持していますか？［文書化］☞ **参考：7.5　文書化した情報**	☐	☐
3	必要時，各製品の消費者／ユーザー層を特定していますか？	☐	☐
4	特定の食品安全ハザードに対して，無防備と判明している消費者／ユーザー層を特定していますか？（例：乳幼児，食物アレルギーの人）	☐	☐

8.5.1.5　フローダイアグラム及び工程の記述

1	工程の流れや要素を表す "フローダイアグラム" を ① 文書化していますか？☞ **参考：第1章4⑨** ② 現場の状況と合っているかを確認していますか？ ③ 必要時，更新していますか？	① ☐ ② ☐ ③ ☐	① ☐ ② ☐ ③ ☐
2	"フローダイアグラム" に次の要素を含めて文書化し，維持・更新していますか？［文書化］ ① 作業の各段階，順序，相互関係，外部委託工程 ② 原料，材料，加工助剤，包装材料，ユーティリティ，中間製品がどこからフローに入るか ③ 再加工，再利用の箇所 ④ 最終製品，中間製品，副産物，廃棄物をどこから搬出するか／取り除くか ☞ **参考：7.5　文書化した情報**	① ☐ ② ☐ ③ ☐ ④ ☐	① ☐ ② ☐ ③ ☐ ④ ☐

	確認項目	整備☑	運用☑
3	食品安全ハザード分析を行うために，工程や作業環境について次の要素を含めて文書化し，維持していますか？［文書化］☞ **参考：7.5　文書化した情報** ① 構内の配置（食品，非食品の取扱い区域） ② 加工装置や食品に触れる材料，加工助剤のフロー ③ 既存の PRPs（衛生管理等への取組み，前提条件プログラム） ④ 工程のパラメータ（例：監視，管理する数値） ⑤ 手順 ⑥ 適用法規制等，顧客との契約 ⑦ 予想される季節の変化（例：夏場の猛暑）やシフトパターン（例：昼，夜，短時間勤務）による変動要素	① ☐ ② ☐ ③ ☐ ④ ☐ ⑤ ☐ ⑥ ☐ ⑦ ☐	① ☐ ② ☐ ③ ☐ ④ ☐ ⑤ ☐ ⑥ ☐ ⑦ ☐

8.5.2　ハザード分析
8.5.2.1　一　般

		整備☑	運用☑
1	食品安全チームは，事前情報（8.5.1）を用いて食品安全ハザードを分析し，食品安全を保証するために管理が必要かどうかを決定します．	―	―
2	上記1の食品安全ハザードの"管理の程度"は，食品安全を保証するレベルになっていますか？	☐	☐

8.5.2.2　ハザードの特定及び許容水準の決定

		整備☑	運用☑
1	食品の種類，工程や作業環境の種類に応じて，合理的に予測されるすべての"食品安全ハザード"を次の事項に基づき特定し，文書化し，維持していますか？［文書化］ ① 8.5.1（ハザード分析を可能にする予備段階）で収集した情報 ② 経験（他の施設での業務経験，製品や工程に詳しいスタッフや外部専門家からの情報を含む） ③ 可能な範囲で疫学的，科学的な情報や過去のデータを含む内部，外部からの情報 ④ フードチェーン（流通経路等）からの最終製品，中間製品，消費時の食品安全に関する情報	① ☐ ② ☐ ③ ☐ ④ ☐	① ☐ ② ☐ ③ ☐ ④ ☐

確認項目	整備☑	運用☑
⑤ 適用法規制等 ⑥ 顧客の要求事項 ☞ **参考：7.5 文書化した情報**	⑤ ☐ ⑥ ☐	⑤ ☐ ⑥ ☐
2 食品安全ハザードについて，最終製品での許容水準を（可能なときは）決定し，その根拠を含めて文書化し，維持していますか？［文書化］ ☞ **参考：7.5 文書化した情報**	☐	☐
8.5.2.3 ハザード評価		
1 特定した各食品安全ハザードについて，予防または許容水準までの低減が必須かどうかを決定するために，食品安全ハザード評価を実施していますか？	☐	☐
2 次の事項について，各食品安全ハザードを評価していますか？ ① 最終製品中で発生する "起こりやすさ" ② 意図した用途（8.5.1.4）との関連で発生する "健康への悪影響の重大さ" ［補足］ 　［影響度（例：健康被害の度合い）］と［発生可能性（起こりやすさ，頻度）］の組合せによる評価結果が，食品安全リスクの大きさになります． 　☞ **参考：第1章5**	① ☐ ② ☐	① ☐ ② ☐
3 すべての "重要な食品安全ハザード" を特定していますか？	☐	☐
4 ハザードの評価方法，評価結果を文書化し，維持していますか？［文書化］ ☞ **参考：7.5 文書化した情報**	☐	☐
8.5.2.4 管理手段の選択及びカテゴリー分け		
1 ハザード評価に基づき，特定した "重要な食品安全ハザード" を予防または低減して，規定の許容水準にすることができる，適切な管理手段または管理手段の組合せを "選択" していますか？	☐	☐

確認項目	整備☑	運用☑
2	選択・特定した管理手段を OPRP（作業管理手段等）または CCP（重要管理点）として管理するようにカテゴリー分けしていますか？	☐	☐
3	意思決定プロセス，管理手段の選択，カテゴリー分けの結果を文書化し，維持していますか？［文書化］☞ **参考：7.5　文書化した情報**	☐	☐
4	管理手段の選択や厳格さに影響を与える可能性がある，外部の要求事項（例：法規制等，顧客要求事項）を文書化し，維持していますか？［文書化］☞ **参考：7.5　文書化した情報**	☐	☐
8.5.3　管理手段及び管理手段の組合せの妥当性確認			
1	食品安全チームは，重要な食品安全ハザードの"意図した管理"をきちんと実施できるかどうか，選択した管理手段の妥当性を確認しましたか？	☐	☐
2	上記1の"妥当性確認"は，ハザード管理プラン(8.5.4)に組み入れる管理手段や，管理手段の組合せの ① 実施の前に ② 管理手段のすべての変更後に 実施しましたか？（7.4.2, 7.4.3, 10.2, 10.3）	① ☐ ② ☐	① ☐ ② ☐
3	妥当性確認の結果，管理手段が意図した管理を達成できていない場合は，管理手段を修正し，再評価しましたか？	☐	☐
4	妥当性確認方法や，意図した管理を達成できる管理手段の能力を示す証拠を，文書化した情報として維持していますか？［文書化］☞ **参考：7.5　文書化した情報**	☐	☐
8.5.4　ハザード管理プラン（HACCP/OPRP プラン） **8.5.4.1　一　般**			
1	食品安全ハザード管理プラン（HACCP プラン／OPRP プラン）を文書化し，運用し，維持します．［文書化］☞ **参考：7.5　文書化した情報**	－	－

確認項目	整備☑	運用☑
2 食品安全ハザード管理プラン（HACCP プラン／OPRP プラン）の "CCP（重要管理点）の管理手段" ごとに，次の事項を明確化していますか？ ① CCP で管理する食品安全ハザード ② CCP の許容限界（CL, 管理基準） ③ 許容限界（CL）を満たさない場合の修正方法 ④ モニタリング（監視）の手順，記録	① ☐ ② ☐ ③ ☐ ④ ☐	① ☐ ② ☐ ③ ☐ ④ ☐
3 食品安全ハザード管理プランの "OPRP（作業管理手段等）の管理手段" ごとに，次の事項を明確化していますか？ ① OPRP で管理する食品安全ハザード ② OPRP に対する処置基準 ③ 処置基準を満たさない場合の修正方法 ④ モニタリング（監視）の手順，記録	① ☐ ② ☐ ③ ☐ ④ ☐	① ☐ ② ☐ ③ ☐ ④ ☐
8.5.4.2　許容限界及び処置基準の決定		
1 次の事項を文書化し，維持していますか？［文書化］ ① CCP（重要管理点）の許容限界（CL） ② OPRP（作業管理手段等）の処置基準 を決めた根拠 ☞ **参考：7.5　文書化した情報**	① ☐ ② ☐	① ☐ ② ☐
2 CCP（重要管理点）の許容限界（CL）に適合していれば，許容水準を超えないことを保証できますか？	☐	☐
3 CCP（重要管理点）の許容限界（CL）を，（数値化等により）測定できるように設定していますか？	☐	☐
4 OPRP（作業管理手段等）の処置基準を，（数値化等により）測定できるように，または（状況の良し悪しを）観察できるように設定していますか？	☐	☐

確認項目	整備☑	運用☑
8.5.4.3　CCPs における及び OPRPs に対するモニタリングシステム		
1　各 CCP（重要管理点）について，許容限界（CL）から逸脱していないかを検出するために，管理手段に対する"モニタリングシステム（監視のしくみ）"を確立していますか？	☐	☐
2　上記1の"モニタリングシステム"には，計画した許容限界（CL）に対するすべての測定が含まれていますか？	☐	☐
3　各 OPRP（作業管理手段等）で処置基準から逸脱していないかを検出するために，管理手段に対して"モニタリングシステム"を確立していますか？	☐	☐
4　各 CCP（重要管理点）および各 OPRP（作業管理手段等）に対する"モニタリングシステム"について，次の事項を含めて文書化した情報として維持していますか？［文書化］ ① 適切な時間内に結果が判明する測定，観察方法 ② 使用するモニタリング（監視）方法，機器 ③ モニタリングに関する責任・権限，頻度，結果 ④ 適用する校正方法，測定や観察の検証方法 ☞ **参考：7.5　文書化した情報**	① ☐ ② ☐ ③ ☐ ④ ☐	① ☐ ② ☐ ③ ☐ ④ ☐
5　製品の隔離や評価をタイムリーに実施するために，各 CCP（重要管理点）のモニタリング方法，頻度は，許容限界（CL）からの逸脱をタイムリーに検出できるように設定していますか？（8.9.4）	☐	☐
6　各 OPRP（作業管理手段等）におけるモニタリングの方法，頻度は，以下に対して適切ですか？ ① 処置基準からの逸脱の起こりやすさ ② 結果の重大さ	① ☐ ② ☐	① ☐ ② ☐
7　各 OPRP（作業管理手段等）が"主観的な観察（例：目視や嗅覚による検査）"に基づいている場合，その観察方法は指示書や仕様書に明確化されていますか？	☐	☐

確認項目	整備☑	運用☑
8.5.4.4　許容限界又は処置基準が守られなかった場合の処置		
1　許容限界（CL）または処置基準から逸脱した場合にとるべき次の事項を規定し，実施していますか？ ① 修正［暫定対策（8.9.2）］ ② 是正処置［恒久処置，再発防止策（8.9.3）］	① ☐ ② ☐	① ☐ ② ☐
2　上記1の際，次の事項を確実に実施できますか？ ① 安全ではない可能性のある食品を出荷しない．（8.9.4） ② 不適合の原因を特定する． ③ CCP（重要管理点）／OPRP（作業管理手段等）で，管理しているパラメータ（変動要素）を許容限界（CL）内／処置基準内に戻すための処置を実施する． ④ 再発を予防する．	① ☐ ② ☐ ③ ☐ ④ ☐	① ☐ ② ☐ ③ ☐ ④ ☐
8.5.4.5　ハザード管理プランの実施		
1　"食品安全ハザード管理プラン"を運用し，維持し，実施の証拠を記録として残していますか？［記録］ ☞ **参考：7.5　文書化した情報**	☐	☐
8.6　PRPs 及びハザード管理プランを規定する情報の更新		
1　"食品安全ハザード管理プラン"を作成後，必要時，次の情報を更新（最新化）していますか？ ① 原料，材料の特性情報 ② 製品と接する材料の特性情報 ③ 最終製品の特性情報 ④ 食品の意図した用途 ⑤ フローダイアグラム（工程の流れ，要素） ⑥ 工程，工程の環境情報	① ☐ ② ☐ ③ ☐ ④ ☐ ⑤ ☐ ⑥ ☐	① ☐ ② ☐ ③ ☐ ④ ☐ ⑤ ☐ ⑥ ☐

確認項目	整備☑	運用☑
8.7　モニタリング及び測定の管理		
1　PRPs（衛生管理等への取組み）や食品安全ハザード管理プランに関連したモニタリング（監視）および測定活動に対して，指定の（装置を使った） ① モニタリング ② 測定方法 ③ 使用装置 が適切なことを示す証拠を提示できますか？	① □ ② □ ③ □	① □ ② □ ③ □
2　モニタリング（監視）や測定活動に使用する装置は，次の事項を満たしていますか？ ① 使用前に，定めた間隔で校正／検証する. ② 調整，または必要時に再調整する. ③ 校正状態（例：計画どおり校正済みか）が明確 ④ 測定結果が無効にならないための調整（校正）の保護 ⑤ 損傷，劣化からの保護（異物混入の原因になり得る.）	① □ ② □ ③ □ ④ □ ⑤ □	① □ ② □ ③ □ ④ □ ⑤ □
3　すべての装置の校正は， ① 国際／国家標準までトレース（追跡）できますか？ ② その標準がない場合は，校正／検証基準を記録に残していますか？［記録］ 　☞ **参考：7.5　文書化した情報**	① □ ② □	① □ ② □
4　装置の校正／検証結果の証拠を記録として残していますか？［記録］☞ **参考：7.5　文書化した情報**	□	□
5　装置や工程の環境（例：温度，湿度）が要求事項（基準等）に適合しない場合は，測定結果の妥当性を評価し，影響を受けた全製品に対し，適切な処置をとり，その評価，処置の状況を文書化した情報として維持していますか？［文書化］ 　☞ **参考：7.5　文書化した情報**	□	□

確認項目	整備☑	運用☑
6	モニタリング（監視）や測定で用いるソフトウェアは，使用前に妥当性確認を行い，その結果を文書化した情報として維持していますか？［文書化］ ☞ **参考：7.5　文書化した情報**	☐	☐
7	上記 6 のソフトウェアの変更発生時，変更を承認し，記録にまとめ，実行前に妥当性確認をしていますか？［記録］☞ **参考：7.5　文書化した情報**	☐	☐
8.8　PRPs 及びハザード管理プランに関する検証			
1	次の事項の実行状況や効果を確認する "検証活動" を決めて，実施していますか？ ① PRPs（衛生管理等への取組み） ② 食品安全ハザード管理プラン	① ☐ ② ☐	① ☐ ② ☐
2	モニタリング（監視）の責任者とは別の人が，検証活動を実施していますか？	☐	☐
3	検証結果は，記録として残し，また伝達していますか？［記録］☞ **参考：7.5　文書化した情報**	☐	☐
4	検証結果が食品安全ハザード（8.5.2.2）の許容水準を満たさない場合は，影響を受けるロットを "安全でない食品" として取り扱い，必要な是正処置をとっていますか？（8.9.4.3，8.9.3）	☐	☐
5	次の検証結果を分析し，食品安全のしくみ（FSMS）のパフォーマンス（実績）評価（9.1.2）へのインプットとして用いていますか？ ① PRPs（衛生管理等への取組み）の運用・効果 ② ハザード管理プランの運用・効果	① ☐ ② ☐	① ☐ ② ☐
8.9　製品及び工程の不適合の管理 **8.9.1　一　般**			
1	OPRP（作業管理手段等）や CCP（重要管理点）のモニタリングで得たデータを，その修正や是正処置を開始する力量・権限をもつ人が評価します．	―	―

確認項目	整備☑	運用☑
8.9.2　修　正		
1　CCP（重要管理点）の許容限界（CL）やOPRP（作業管理手段等）の処置基準が守られなかった場合に，次の事項を文書化した情報として維持していますか？［文書化］☞ **参考：7.5　文書化した情報** ① 影響を受けた食品の特定，評価，修正方法 ② 実施した修正をレビューするための取決め	①☐ ②☐	①☐ ②☐
2　CCP（重要管理点）の許容限界（CL）が守られなかった場合に影響を受けた食品を，"安全でない食品"として取り扱っていますか？（8.9.4）	☐	☐
3　OPRP（作業管理手段等）の処置基準が守られなかった場合，次の事項を実施していますか？ ① 食品安全に関する逸脱の結果の判断 ② 逸脱の原因の特定 ③ 影響を受けた食品の特定 ④ 安全でない可能性がある食品の取扱い（8.9.4）	①☐ ②☐ ③☐ ④☐	①☐ ②☐ ③☐ ④☐
4　上記活動での評価の結果を，記録として残していますか？［記録］☞ **参考：7.5　文書化した情報**	☐	☐
5　不適合製品や工程に関して，実施された"修正"を記述し，記録として残していますか？［記録］ ① 不適合の性質 ② 逸脱の原因 ③ 不適合の結果の重大性 ④ 修正内容 ☞ **参考：7.5　文書化した情報**	①☐ ②☐ ③☐ ④☐	①☐ ②☐ ③☐ ④☐
8.9.3　是正処置		
1　次の事項の場合，"是正処置"が必要かどうかを評価していますか？ ① CCP（重要管理点）の許容限界（CL）が守られていない場合 ② OPRP（作業管理手段等）の処置基準が守られていない場合	①☐ ②☐	①☐ ②☐

確認項目		整備☑	運用☑
2	次の事項を文書化した情報として維持していますか？［文書化］ ① 検出された不適合の原因の特定および除去のための "適切な是正処置" ② 再発を防止するための "適切な是正処置" ③ 不適合が特定された後に工程を正常な管理状態に戻すための "適切な是正処置" ☞ **参考：7.5　文書化した情報**	① ☐ ② ☐ ③ ☐	① ☐ ② ☐ ③ ☐
3	上記2の "是正処置" に，次の事項は含まれていますか？ ① 顧客や消費者からの苦情のレビュー ② 法規制等に基づく試験報告書で特定された不適合のレビュー（例：微生物検査等の報告書のレビュー） ③ モニタリング結果の傾向のレビュー ④ 不適合の原因の特定，再発防止処置とその実施 ⑤ 是正処置の結果の記録 ⑥ 是正処置の有効性の検証	① ☐ ② ☐ ③ ☐ ④ ☐ ⑤ ☐ ⑥ ☐	① ☐ ② ☐ ③ ☐ ④ ☐ ⑤ ☐ ⑥ ☐
4	すべての是正処置に関する記録を残していますか？ ［記録］☞ **参考：7.5　文書化した情報**	☐	☐
8.9.4　安全でない可能性がある製品の取扱い **8.9.4.1　一　般**			
1	安全でない可能性のある食品について， ① フードチェーン（流通経路等）に流れないように予防処置をとっていますか？ ② 該当食品を評価し，処置が決定するまで管理していますか？	① ☐ ② ☐	① ☐ ② ☐
2	管理を離れた食品が，その後，安全でないことがわかった場合，関連する利害関係者（例：顧客，消費者，規制当局，外部委託先）に伝達し，リコール（回収）処置を開始していますか？	☐	☐

確認項目	整備☑	運用☑
3 次の事項を記録として残していますか？［記録］ ① 安全でない可能性がある製品の管理 ② 関連する利害関係者からの反応 ③ 安全でない可能性がある製品を取り扱うための権限 ☞ **参考：7.5　文書化した情報**	① ☐ ② ☐ ③ ☐	① ☐ ② ☐ ③ ☐
8.9.4.2　リリースのための評価		
1 不適合によって影響を受ける食品の各ロットを評価していますか？	☐	☐
2 CCP（重要管理点）の許容限界（CL）を逸脱した場合，影響を受けた食品はリリース（出荷）せずに，不適合製品（8.9.4.3）として処理していますか？	☐	☐
3 OPRP（作業管理手段等）の処置基準を逸脱した場合，影響を受けた食品は，次の条件を満たしたものだけを安全な食品と位置付け，出荷していますか？ ① モニタリング（監視）システム以外の証拠が，その管理手段が有効であったことを実証している. ② 特定の食品の管理手段の複合的効果が，意図したパフォーマンス（許容水準）を満たしていることを実証する証拠がある. ③ サンプリング，分析，その他の検証活動の結果により影響を受ける食品は，該当する食品安全ハザードの特定された許容水準を満たしていることを実証できる.	① ☐ ② ☐ ③ ☐	① ☐ ② ☐ ③ ☐
4 製品を出荷（リリース）するための評価結果を，記録として残していますか？［記録］ ☞ **参考：7.5　文書化した情報**	☐	☐

確認項目	整備☑	運用☑
8.9.4.3　不適合製品の処理		
1　リリース（出荷）不可の食品について，次のいずれかの取扱いを行っていますか？ ① 食品安全ハザードが，許容水準まで低減されるように，再加工や追加工を実施する． ② 他の用途に転用する．［フードチェーン（流通経路等）内の食品安全に影響しない場合］ ③ 破壊処理，廃棄処理の実施 ［補足］ 　廃棄前の製品の破壊処理は，廃棄物の不正な使用や転売を予防するために重要です．	① ☐ ② ☐ ③ ☐	① ☐ ② ☐ ③ ☐
2　不適合製品の処理について，承認権限者の特定も含めて，記録として残していますか？［記録］ ☞ **参考：7.5　文書化した情報**	☐	☐
8.9.5　回収／リコール		
1　安全でない可能性のある最終製品のロットを，タイムリーに回収／リコールできますか？	☐	☐
2　上記１のために，回収／リコールを実施する権限をもつ力量のある人を指名していますか？	☐	☐
3　次の事項を文書化した情報として維持していますか？［文書化］ ① 関連する利害関係者（例：規制当局，顧客，消費者）への通知記録 ② 回収／リコールした食品や，その在庫の食品の取扱いに関する記録 ③ 必要な処置を実施した記録 ☞ **参考：7.5　文書化した情報**	① ☐ ② ☐ ③ ☐	① ☐ ② ☐ ③ ☐
4　回収／リコールされた食品，在庫として残っている最終製品を確実に保管，管理していますか？	☐	☐

	確認項目	整備☑	運用☑
5	回収／リコールの原因，範囲，その結果を記録として残していますか？［記録］ ☞ **参考：7.5　文書化した情報**	☐	☐
6	上記5の回収／リコールに関する情報を，マネジメントレビューへのインプット（9.3）とし，経営層に報告していますか？	☐	☐
7	回収／リコールプログラム（実施計画など）の実行や，適切な手法（例：模擬または演習としての回収やリコール）の利用を通じて，回収／リコールプログラムの有効性を検証し，記録として残していますか？［記録］☞ **参考：7.5　文書化した情報**	☐	☐

2 担当者の FSMS セルフチェックシート（ISO 22000 "7.3 認識" 関連など）

自分に関連する方針，目標，プロセスなどについて記載してください．

(a) 方針・目標関連

1	"食品安全方針" の中で自分が重要視する一文	
2	自分の業務に関連する組織の "食品安全目標"	
3	組織の "食品安全目標" 達成に向けた自分の貢献事項	

(b) プロセス（工程）関連

1	自分の担当業務（概要）	
2	担当業務に関連する文書名	
3	担当する業務プロセスの CCP（重要管理点）	
4	重要な食品安全ハザード（危害要因）	
5	CCP の許容限界（CL）	
6	許容限界（CL）を超えた場合の処置（修正，是正処置）	
7	その処置を適切に実施しない場合のリスク（発生する可能性のある食品安全問題など）	

参 考 文 献

<規　格>
1) ISO 22000:2018　食品安全マネジメントシステム—フードチェーンのあらゆる組織に対する要求事項
2) ISO/TS 22002-1:2009　食品安全のための前提条件プログラム—第1部：食品製造
3) FSSC 22000 スキーム 第 6.0 版 パート 2 審査対象組織に対する要求事項（2023 年 4 月）
4) JIS Q 9001:2015　品質マネジメントシステム—要求事項

<書　籍>
1) 深田博史，寺田和正，寺田博(2016)：見るみる ISO 9001—イラストとワークブックで要点を理解，日本規格協会
2) 寺田和正，深田博史，寺田博(2016)：見るみる ISO 14001—イラストとワークブックで要点を理解，日本規格協会
3) 深田博史，寺田和正(2018)：見るみる JIS Q 15001・プライバシーマーク—イラストとワークブックで個人情報保護マネジメントシステムの要点を理解，日本規格協会

<ウェブサイト>
1) FFSC（食品安全認証財団）による FSSC 22000 のウェブサイト https://www.fssc22000.com/
2) ISO のウェブサイト　https://www.iso.org/
3) 日本規格協会（JSA）のウェブサイト　https://www.jsa.or.jp/
4) 内閣府　食品安全委員会のウェブサイト https://www.fsc.go.jp/
5) 消費者庁のウェブサイト　https://www.caa.go.jp/
6) 一般財団法人食品安全マネジメント協会のウェブサイト https://www.jfsm.or.jp/
7) 一般財団法人食品産業センターのウェブサイト https://www.shokusan.or.jp/
8) SQF Institute のウェブサイト　https://www.sqfi.com/

著 者 紹 介

深田　博史（ふかだ　ひろし）　執筆担当：第 1, 2, 3, 6 章

- マネジメントコンサルティング，システムコンサルティングを担う等松トウシュ　ロス・コンサルティング（現アビームコンサルティング株式会社，デロイトトーマツ コンサルティング合同会社）に入社．株式会社エーペックス・インターナショナル入社後は，ISO マネジメントシステムに関するコンサルティング・研修業務等に携わる．
- 現在は，株式会社エフ・マネジメント代表取締役．
- 元環境管理規格審議委員会 環境監査小委員会（ISO/TC 207/SC 2）委員 ［ISO 19011 規格（品質及び／又は環境マネジメントシステム監査のための指針）初版の審議等］
- 一般財団法人日本規格協会「標準化奨励賞」受賞．

［主な業務］

- マネジメントシステム　コンサルティング・研修業務
  ISO 9001, ISO 14001, ISO/IEC 27001（ISMS），JIS Q 15001，プライバシーマーク，ISO/IEC 20000-1（IT サービスマネジメント），FSSC 22000（食品安全）HACCP, ISO 45001（労働安全衛生），ISO 22301（事業継続マネジメント）等
- 経営コンサルティング・研修業務
  経営品質向上プログラム（経営品質賞関連），事業ドメイン分析，目標管理，バランススコアカード，マーケティング，人事考課，CS/ES 向上，J-SOX 法に基づく内部統制
- ソフトウェア開発，e ラーニング開発，書籍および通信教育の制作

［主な著書］

『見るみる ISMS・ISO/IEC 27001:2022—イラストとワークブックで情報セキュリティ，サイバーセキュリティ，及びプライバシー保護の要点を理解』，『見るみる ISO 9001—イラストとワークブックで要点を理解』，『見るみる ISO 14001—イラストとワークブックで要点を理解』，『見るみる JIS Q 15001:2023・プライバシーマーク—イラストとワークブックで個人情報保護マネジメントシステムの要点を理解』，『見るみる BCP・事業継続マネジメント・ISO 22301—イラストとワークブックで事業継続計画の策定，運用，復旧，改善の要点を理解』（以上，日本規格協会，共著）

『国際セキュリティマネジメント標準 ISO17799 がみるみるわかる本』，『ISO 14001 がみるみるわかる本』（以上，PHP 研究所，共著）

［株式会社エフ・マネジメント］
〒 460-0008　名古屋市中区栄 3-2-3　名古屋日興證券ビル 4 階
TEL：052-269-8256, FAX：052-269-8257

130

寺田　和正（てらだ　かずまさ）　執筆担当：第 4, 5 章
- 情報システム開発・業務コンサルティングを担うアルス株式会社に入社. 株式会社イーエムエスジャパン入社後は，ISO マネジメントシステムに関するコンサルティング・研修業務等に携わる.
- 現在は，IMS コンサルティング株式会社代表取締役.
- 一般財団法人日本規格協会「標準化奨励賞」受賞.

［主な業務］
- マネジメントシステム　コンサルティング・研修業務
  ISO 14001, ISO 9001, ISO/IEC 27001（ISMS），JIS Q 15001, プライバシーマーク，ISO/IEC 20000-1（IT サービスマネジメント），ISO 50001（エネルギーマネジメント），ISO 55001（アセット），ISO 45001（労働安全衛生），ISO 22301（事業継続）等
- 経営コンサルティング・研修業務
  情報システム化適用業務分析コンサルティング，人事管理（目標管理，人事考課）コンサルティング等
- e ラーニング・研修教材・書籍の制作

［主な著書］
『見るみる ISO 9001―イラストとワークブックで要点を理解』,『見るみる ISO 14001―イラストとワークブックで要点を理解』,『見るみる JIS Q 15001:2023・プライバシーマーク―イラストとワークブックで個人情報保護マネジメントシステムの要点を理解』,『見るみる BCP・事業継続マネジメント・ISO 22301―イラストとワークブックで事業継続計画の策定, 運用, 復旧, 改善の要点を理解』（以上，日本規格協会，共著）
『情報セキュリティの理解と実践コース』（PHP 研究所，共著）
『Q&A で良くわかる ISO 14001 規格の読み方』（日刊工業新聞社，共著）
『ISO 14001 審査登録 Q&A』（日刊工業新聞社，共著）

［IMS コンサルティング株式会社］
〒 107-0061　東京都港区北青山 6-3-7　青山パラシオタワー 11 階
TEL：03-5778-7902，FAX：03-5778-7676

■イラスト制作
　株式会社エフ・マネジメント　　　深田博史（原案）
　IMS コンサルティング株式会社　　寺田和正（原案）
　岩村伊都（制作）

謝　辞
　本書執筆の機会を提供いただき，企画・制作から，校正，デザインまで幅広く支援いただいた日本規格協会グループに，この場を借りて深くお礼申し上げます.
特に，編集制作チームの室谷誠さん，本田亮子さんには，熱意に満ちた丁寧な制作を進めていただき感謝いたします.
　著者を含む制作チームの熱意が読者の皆様に届くことを心より願っております.

見るみる食品安全・HACCP・FSSC 22000
イラストとワークブックで要点を理解

2020 年 1 月 31 日　　第 1 版第 1 刷発行
2024 年 4 月 15 日　　　　　第 10 刷発行

著　　者　深田博史，寺田和正

発 行 者　朝日　　弘

発 行 所　一般財団法人 日本規格協会
　　　　　〒108-0073　東京都港区三田 3 丁目 13-12 三田 MT ビル
　　　　　https://www.jsa.or.jp/
　　　　　振替　00160-2-195146

製　　作　日本規格協会ソリューションズ株式会社
印 刷 所　日本ハイコム株式会社

● 当会発行図書，海外規格のお求めは，下記をご利用ください．
　JSA Webdesk(オンライン注文)：https://webdesk.jsa.or.jp/
　電話：050-1742-6256　E-mail：csd@jsa.or.jp